台灣好野菜

二十四节气田边食

台湾独特
迷人的野菜

[taiwan foods]

-vegetable-

[台]种籽设计

中国青年出版社

跟著節氣過日子。

2/3~5
立春
立春绿
日光青
2/18~20
雨水
雨水清
春生碧
3/5~7
驚蟄
惊蛰草
生命绿
3/20~22
春分
春分瓣
幸福粉
4/4~6
清明
清明飘
柳叶新青
4/19~21
穀雨
谷雨豆
爱笑墨绿
5/5~7
立夏
立夏得穗
天空很蓝
5/20~22
小滿
小得盈满
甘黄熟
6/5~7
芒種
芒种端阳
快乐橘
6/20~22
夏至
夏至荷
仙女红
7/6~8
小暑
小暑知了
童年绿
7/22~24
大暑
大暑热
星光宝蓝
8/7~9
立秋
立秋乞巧
胭脂桃
8/22~24
處暑
处暑虎
刀子红
9/7~9
白露
白露月
桂香黄
9/22~24
秋分
秋分蟹
柿子红
10/7~8
寒露
寒露凉
大地土黄
10/23~24
霜降
霜降微愁
芒白
11/7~8
立冬
立冬收
禾木深棕
11/21~23
小雪
小雪感恩
微风紫
12/6~8
大雪
大雪飞
漫天灰
12/21~23
冬至
冬至节
团圆正红
1/5~7
小寒
小寒腊八
杂灰杂紫
1/19~21
大寒
大寒冷
高粱辣金

目录

我们相信饮食的灵魂在风土
我们相信因爱料理是当代的情感印记
我们揣摩不同土地植生的农法、农作、农食、农加工以及食物原味
我们学习有机农业、节气饮食、祖传食谱、传统食品制造法
我们收集土地甜度的故事
我们敬畏风土的纵深与转化的陈义
我们明白古老的智慧是可敬的灵魂
这是
我们的节气生活与生命节气
厚生利用的亚洲式养生
不只是养到理想的岁数
而是
养出对生命的态度
我们是种籽

我们是种籽。

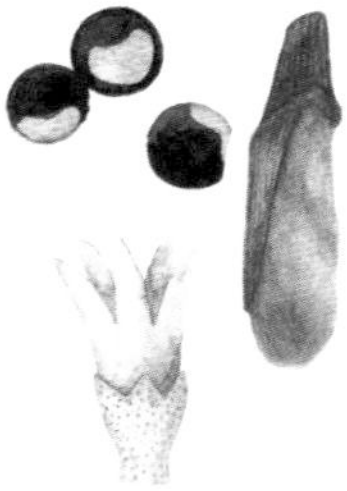

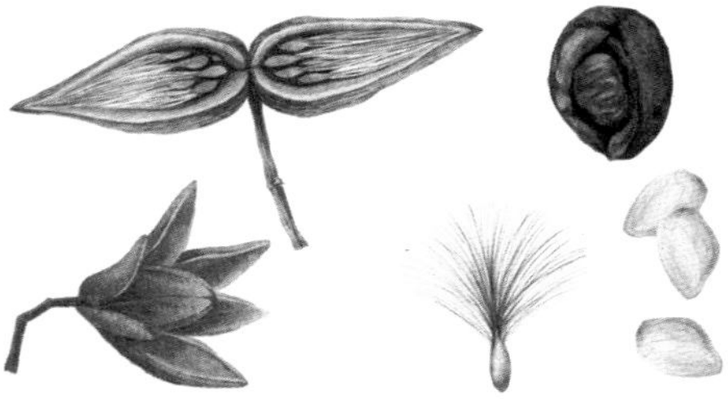

小马

要感谢的人越来越多了！种籽的男人、女人、小孩、妙满、小五、依伦、莉淇。妙满依然用她专业、温暖又富有创意的想法呈现出野菜的风味；小五则用他的艺术天分，加上文学涵养的呈现让野菜更具意境；依伦从影像的表达让我看见野菜的灵巧；莉淇真的是艺术家，野菜简直栩栩如生。

以及每日清早到郊外的采集生活，都要感谢Jackie的温馨接送情。

感谢美貌老师寄来部落的野菜，还有在三义采集巧遇了阿莲，感谢情义相挺。

最重要的是感谢大自然，大地之母给予源源不绝的资源和能量，我爱你。

妙满

在台湾最大的农业县长大，在外地求学与工作，做了这本书才一路回想起与他们是如何认识的，端午时曾祖父总在大厅门边插上的避邪香草束，顶楼的花园是曾祖母枸杞叶茶的产区，盛夏奶奶自制的清凉退火茶，还有令人难忘的倒地铃，母亲准备晚餐时餐桌上的琼花肉丝汤，老爸珍贵的赛鸽食用一整盆的到手香，念书时期租屋处后院长的龙葵加泡面，家聚时草山上土鸡城的热炒川七，当然还有让我面对自己的天母古道上的植物，工作后只认得咖啡树开的小白花和安全岛上的园艺植物，接触料理后，认识更多香草植物，有些台湾有只是使用方式不同，每天晚上和430的伙伴们讨论着，希望将野菜能多样地表现，不只是只能放在餐桌上食的表现，也可以是装点餐桌的一部分。小马每天早上采集，下午和我们一起料理还要制作草圈圈，从她的魔手每一种草圈圈都是惊艳，每天很期待上山下海的野地市场，将带回来何种植物，抢时间地想保留住它们的姿态，是否想起何种花草，让你和那时的你相遇，生活中有时停一下看看四周，感受一下生命中的美好，感谢所有参与的428和430的伙伴们，还有南投孩子棋哥的采集和经验。

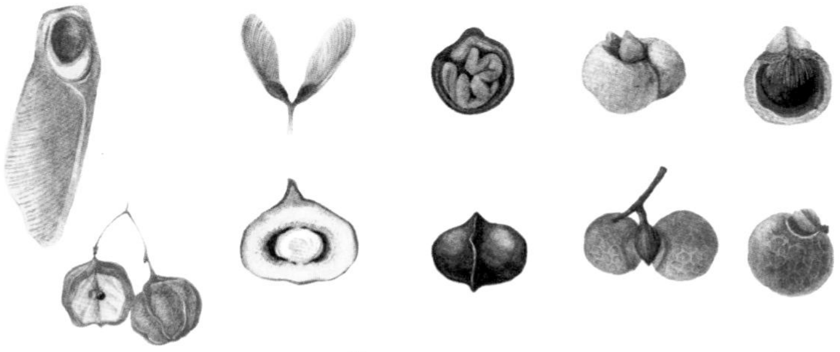

小五

小的时候吃菜，吃进的是听话；大了一点吃菜，吃进的是均衡和健康；在参与《台湾好野菜》这本书的制作后，才算真正开始体验野菜的美妙滋味。

有的野菜细细长长，有的会开出白色、黄色或是粉红小花，诉说着它们的身世和故乡；有的尝起来酸甜，可以做成酸辣汤；有的苦中带甘，适合泡成热茶，细细品味。每一次都是感官的全新体验，每一口都是大自然的珍贵恩赐。在提醒着我们，人终究是无法离开大自然而生存的。

感谢所有来到眼前的一切。

莉淇

野菜本质或许称不上野，我想它们只是乐于低调生活在山野小径中，所以总是安静，总是闲适，总是一派轻松地随遇而安。当我透过画笔认真注视它们之后，很巧合的，开始在一些自然环境中与它们相遇，可以毫不陌生地喊出名认出模样，突然觉得，这些我所以为的巧遇或许都不是巧合，其实它们一直都在，只是我向来选择忽略。正如奈良美智说过的那句话：「所谓看不见就是没有试着去看见，在看得见与看不见之间，横跨着某种很重要的事。」谢谢野菜们，让我重新看见。

野菜的恩典。

【地瓜】

【马齿苋】

【龙葵】

【笋】

【番茄】

台湾独特
迷人的野菜
[taiwan foods]
-vegetable-

野菜就是个品牌。同心同德上行下效。

万愿寺辣椒、圣护院芜菁、丹波黑大豆、九条大葱、贺茂茄子、掘井牛蒡、
金时红萝卜、青首大根、丹波松茸、壬生菜

京野菜拥有无与伦比的美丽位阶
除却栽种之人反复改良、耗费心神栽植
京都政府更是大力宣导、细腻诠释对野菜的热爱痴迷

保存千年来京野菜传统，种植在近郊土壤
京野菜的位阶一直被定位于类似珍贵宝物的传统蔬菜
不啻是京料理中，贵重且慧黠的食材
更是家家户户厨桌上的风景

大啖小食京野菜的自然之味
更富含食物智慧与生活美学

山之巅海之涯
原生的根的茎的叶的果的子
我们想要
虚心地、诚挚地找出台湾独特迷人的野菜对应节气料理的美妙表现
献给厚育滋养我们的婆娑之岛

台湾好野菜。

市场摊架弦外之音

我们在台湾土生土长，说多、听多，也看多了他乡的月亮比较圆之后，终于我们开始会反观自己的「内在美」了，尤其是那从古老就陪人们一直走到现代的事物，虽然时间会改变它的形貌，可能进化、改良；可能推翻、有的面目模糊、昨是今非，但我们想用现在进行时来说说我们的过去时。

看看我们餐桌上盘中的菜飨，再一路上溯到生鲜超市、菜市场……甚至是田间的生产者，跟以前比起来发生了多少变化，偏偏我们又对昔日所知甚少、感觉距离遥远，这当中好似隔着一个大鸿沟，跟代沟般的断层，让当代拒绝溯源，让过去的美好却成今日的老梗。

青草、野菜便是这般境遇。坊间的青草店，那是多少青草文化的结晶，现却已如凤毛麟角了，青草茶不敌三步一坊五步一店的外带手摇茶；昔日信手拈来、俯拾即是的野菜，也难挡三把五十元的工业化农产菜蔬，这让活在空窗过渡这一代有些焦虑，好像在抢救青春一般的焦虑。

野菜，过去一直都以野生蔬菜，即自生于山野，未经人工栽培的野生可食植物定义；其实更古老，野菜叫「救荒本草」，是荒年时的备援物资；在日本，野菜其实是蔬菜的同义词。经过了许多糅合，我们希望野菜可以是现代菜蔬中的一支，不必然野生，但有着从野生走入文明的足迹；有一点在野的声音，反而在众声的喧哗里，有一响清音；勾起一点过往的记忆，却又对到现代TONE调。

往超市菜架、菜市场上的菜去想象，苋菜野一点是怎么一回事；苦瓜山一点又是如何？菜名上加个山啊、野啊，便多了一点朴质无饰、自然无华，以及大自然的浑然天成。

这野菜，不需要你施肥，当然没有化肥问题；自力抵抗病虫害，当然没有农药，没有产期调节、没有品种改良、驯化、没有基因改造……种种你想也想不透、防不胜防的问题。我们都可以在市场摊架之外，寻找台湾好野菜，乐当好野人。

红藜。

台湾独特

迷人的野菜

[taiwan foods]

-vegetable-

感觉我们总少了那么一点点自己
好像老矮了人家一截似的
就是缺一点点自信
经过了好一阵子他乡月亮比较圆后
终于，会从自己身上看特色、找优点了
如果还不够、还找不到
那就再来一个红藜吧！
让人心情变得更愉快的植物，不论是看了、听了、吃了
红藜陪台湾本地居民很久很久了
久到快被现代化稀释得既淡且薄
看，颜色绿、黄、橙、红、紫，一直变化着鲜艳与缤纷
　还有戴在头上、颈上的华丽
听，蛋白质是米的2倍
　膳食纤维是燕麦的3倍、地瓜的6倍
　钙是稻米的42倍、燕麦的23倍
　铁是地瓜的11倍、锌是地瓜的8倍
吃，常熬进粥里，酿进小米酒里添风味
　他们说吃了总让人心情变得愉快
还没吃到，我就先高兴起来了

【谷类的红宝石】

红藜，台湾本地居民的传统作物，近年来才经林务部门与学术单位研究正名为“台湾藜”，它与菠菜同为藜科植物，色彩艳丽多变，又有极高营养价值，赢得谷类的红宝石地位。

野姜花。

台湾独特
迷人的野菜
[taiwan foods]
-vegetable-

台湾曾有一个民歌年代
既清纯又澎湃
有一首野姜花
偶然一天，沉默的你
投影在我的世界里
一朵朵，野姜花
点缀生命的芬芳
日人发现了它，以人名命名穗花山奈
英文叫它Butterfly Lily，停在茎梢的蝴蝶
满山遍野
是夏日最清甜的香气
是孩童在山林里嬉耍的同伴
是母亲信手拈来就成巧妇的素材
叶，单纯不过的圆披针平行脉
花，单纯不过的白
茎，单纯不过的挺直
如此单纯，才会如此隽永

【停伫的蝴蝶】

野姜花，为姜科蝴蝶姜属，故又名姜兰、蝴蝶姜，学名穗花山奈。除在野外可见外，已引进庭园种植，近来野姜花裹粽、姜花裹粉酥炸是常见的料理。

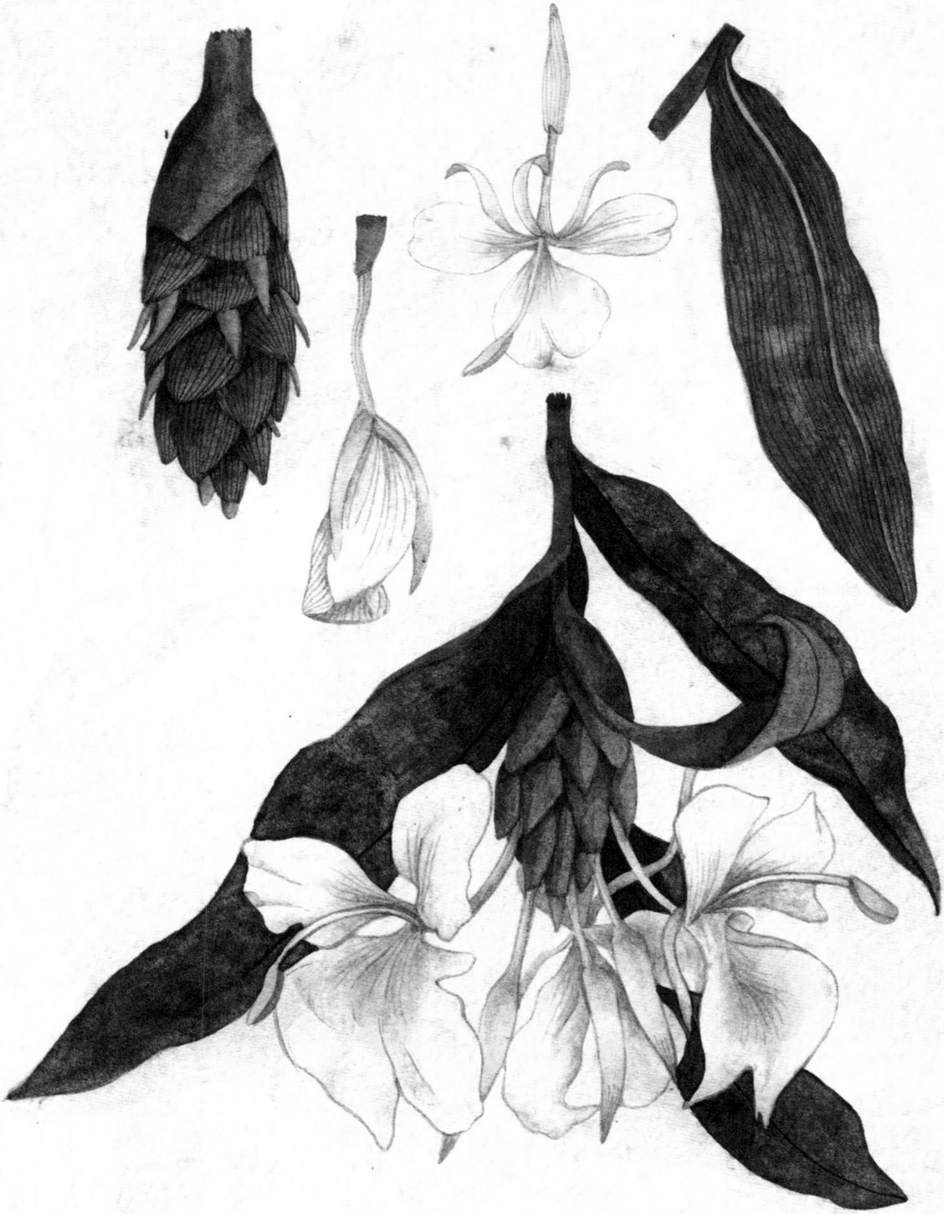

鸟不踏。

台湾独特
迷人的野菜
[taiwan foods]
-vegetable-

台湾人很可爱
仿佛远古造字的逻辑
树皮光滑的叫猴不爬
枝干长刺的叫鸟不踏
食茱萸、红刺葱、鸟不踏
都是同一棵树，你爱怎么称呼都行
文言的食茱萸，像是身份证上登记的名字
鸟不踏，就是绰号了，大家朗朗上口
虽然长满了刺
但仍阻挡不了人们对它的偏爱
嫩叶入菜、茎叶煎药、嚼根解齿痛
台湾这么多的小稀奇
应该可以汇成一股大神奇了

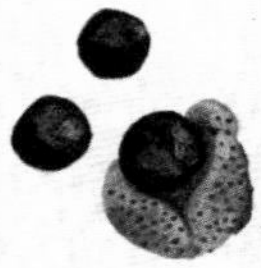

【一树蝴蝶】

食茱萸，芸香科落叶乔木，独特的香气，常用为香辛调味，自古以来与花椒、姜并列为“三香”。红刺葱因枝干皆刺而名“鸟不踏”，却是许多凤蝶的食草，春季开花时又是蝴蝶蜜蜂的蜜源，而有蝴蝶树的景观。

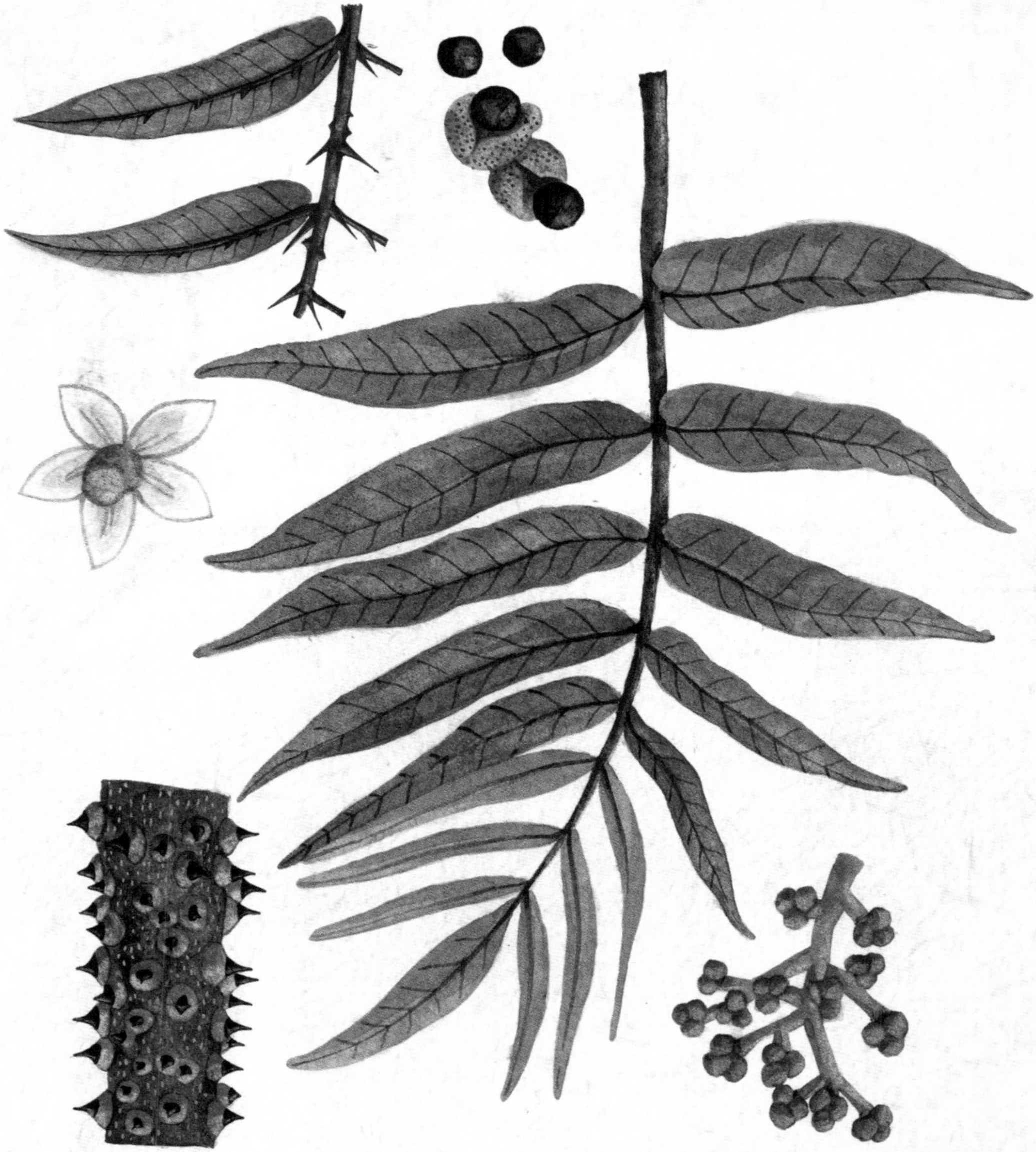

马告。

台湾独特

迷人的野菜

[taiwan foods]

-vegetable-

马告是泰雅人的发音
就是山胡椒
台湾本地居民拿它的叶入菜，取其果当胡椒
大自然真是奇妙
说它是胡椒，却是樟科的植物
味道有姜与胡椒的比例调和
又名豆豉姜，可见姜中又带豆豉味
不只这样，还有柠檬香茅、樟香味
比起胡椒、比起姜
马告的风格强烈太多
又比花椒的麻辣收敛
让马告所以成为马告
台湾本地居民幸运地近水楼台先得月
有了它
有些调味香料
会被你晾在一边了

【胡椒加野味】

马告学名山苍树，樟科木姜子属落叶乔木，又名豆豉姜、木姜子、山胡椒、山鸡椒，主要分布在中国华南至华东、华中、台湾山地，以及东南亚地区。在台湾泰雅人称之为马告(Magao)，叶、果都用以料理调味。

狗尾草。

台湾独特
迷人的野菜
[taiwan foods]
-vegetable-

我的名间老家
田里两大作物——凤梨、荔枝
其他没别的
但是有两丛植物一直被保留着
一是泽兰，另一个就是狗尾仔
狗尾还没成为名间特产前
都在民家田间一隅、屋旁空地长着
没有刻意栽种，自己长的
每个人都认得它，不会被归为野草拔掉
后来狗尾开始有人整园栽种了
一亩亩的粉紫狗尾小花海
让乡间有点小浪漫
小时候妈妈用它炖汤
喂补干瘦的小孩
如今我也炖一盅
请喝一口我的童年

【通天的本领】

狗尾草又名通天草、猫仔尾等，豆科兔尾草属，性温味甘主治小儿食欲不振、发育不良，在南投县名间乡八卦山脉普遍种植，取其根晒干洗净截段炖鸡或排骨，是胜过药补的食补。

茴香。

台湾独特
迷人的野菜
[taiwan foods]
-vegetable-

茴香子菜
细细密密的叶好新好绿
带着独有的香气
几十块钱，便有两手掌握的一大把
太便宜了我们的口腹
也便宜了农人的辛苦
我要更看重它
平衡一下这当中的不平衡
国民级的菜价
但国民对它可是爱恨分明
这特有的茴香气味
爱之大动食指，恨之退避三舍
清炒可、煎蛋佳
麻油茴香蛋酒是不胫而走的俗成
比谷粒更细的种子是小茴香
总在肉料理中撒上一撮
去腥而回香，感受温甘辛
野菜
贵在生活点滴中，给了太多人美好记忆

【唇齿回香】

茴香，伞形科茴香属植物，原产自地中海沿岸，是当地香草植物，后才引进台湾种植，又名香丝菜、蘹香、小茴香……叶与子都能作为调味香料，叶也可以独自料理成茴香煎蛋、茴香蛋酒等经典料理。

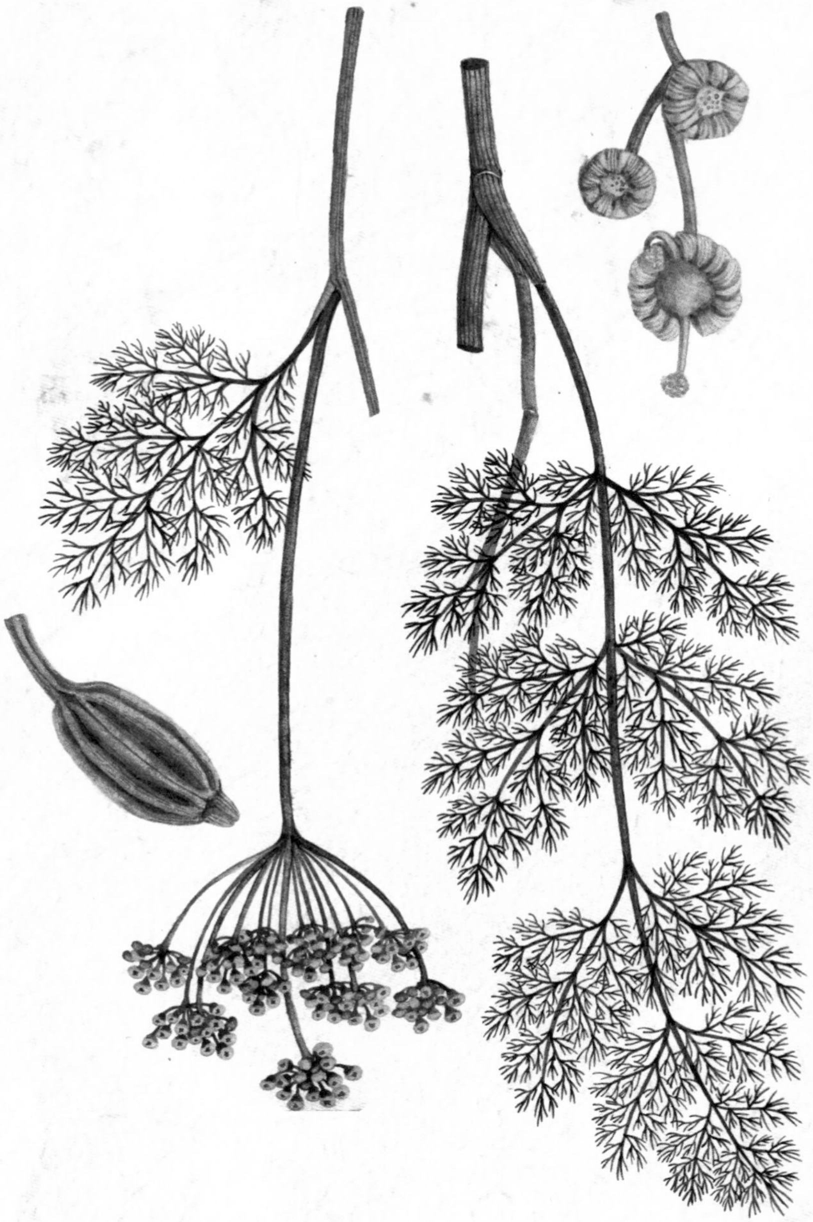

麻芛。

台湾独特
迷人的野菜
[taiwan foods]
-vegetable-

麻芛是台中地区才吃得到的料理
不管是「薏」或「芛」字
其实就是闽南语嫩芽之意
也就是黄麻的嫩芽
这黄麻原是取其皮制绳之用
塑化工业强势得让麻绳走下舞台
还好这种吃法还在
这吃法不知是谁发明的
明明很麻烦，又要撕叶、挑梗、搓洗去苦涩
一定加有地瓜与魩仔鱼
还要冷着喝
可能是夏日消暑降火的利基
让这么费工的料理
总在炎炎夏日
出现在市场里、百姓家里

【台中的味道】

麻芛是黄麻的嫩芽之意，黄麻又名苦麻、水麻、洋麻，锦葵科黄麻属植物，是广泛的纤维作物，种植量仅次于棉花，中部地区将圆果黄麻改良品种，取其嫩叶去除苦汁，还要加地瓜与魩仔鱼煮汤，成为独有的台中味。

29

月桃。

台湾独特
迷人的野菜
[taiwan foods]
-vegetable-

山野原生
民间喜庆的食物伴侣

叶子，可包粽子或衬垫新蒸好的青粿
种子，日本人使用制造仁丹健胃剂的原料药材
叶鞘，茎状，晒干后编制成草席或绳索

古时候
会蜜渍月桃花伪装龙眼干，就像以前的凤梨酥里面包着冬瓜馅

【你摘花来我用叶】

月桃为姜科月桃属多年生大型草本植物，又名艳山姜、玉桃、良姜、虎子花等，在台湾相当普遍，全岛低海拔山区四处可见，叶片呈长披针形，花成串地悬挂下垂的花序，球形果实，表面有许多纵棱，由鲜绿转橙红，讨人欢喜。

构树树果。

台湾独特
迷人的野菜
[taiwan foods]
-vegetable-

无暇洒扫庭园、懒得扫落叶
加上风水诸多途说
现在人好像不太怎么喜欢树
尤其长在屋子旁、院子里的树
尽管
树有多特别、形有多优美
经济多价值、故事有多多
每一棵都有命运未卜的危机感
构树
先驱树种，在环境还艰困恶劣时就先来拓荒了
雌雄异株，树还分公的、母的
鹿仔树，即使现在已经看不到鹿了
纸树，人工手造纸怎敌得过工业
幸好，构树也不太理睬你的冷眼
径自找一块没被水泥封住的土地长着
有个小孩摘它一叶贴在衣服上
有人仰望它的浓荫
有人还摘一球聚合果，尝着甜蜜
已经足够

【不栽自长的树】

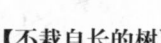

桑科构树属中乔木，台湾海拔1000米以下分布极广，又名谷浆树、谷桃、楮实子、楮树、构木、奶树、当当树、纸木、钞票树、鹿仔树，中国古典籍中也常有提及，但名字不一，斑谷、楮、楮桃树、楮桑、酱黄皆指构树。

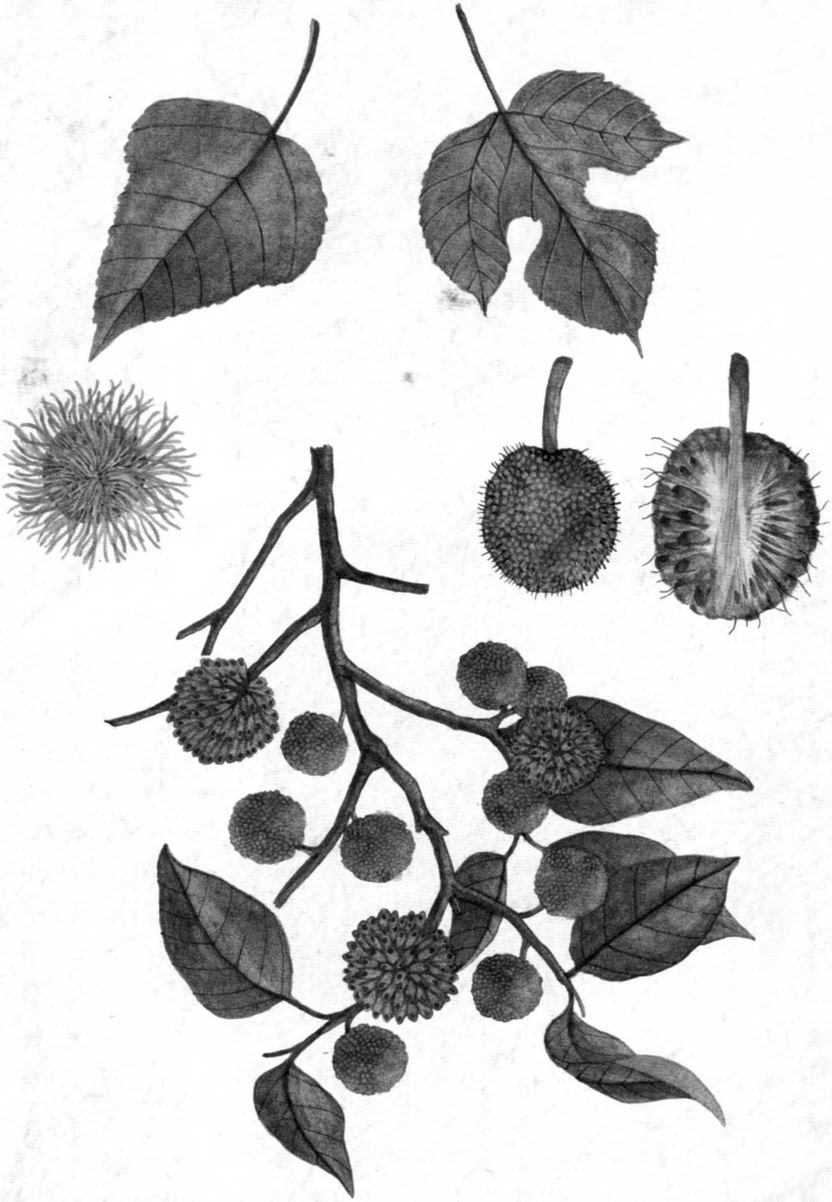

鼠麴草。

台湾独特
迷人的野菜
[taiwan foods]
-vegetable-

即使只是童年的点滴
但总会与鼠麴草每年相遇
不管今年离儿时更远了
菜市场里也没卖
因为几乎有土地就有它
在每年的春天
即便是墙角尘土堆积处
到处都有鼠麴报春
只要你肯好好弯下身
信手便采得满满的回忆
已经老大不小的查甫人了
突然问起母亲鼠麴怎么料理
她巨细靡遗，好生高兴
所以不要等闲孩子的童年
这妈妈味
会沁进孩子的一生里

【俯拾皆美味】

当春季一来，草木漫发，鼠麴草多得可以铺盖每一片裸土，菊科一年生或二年生植物，茎秆密生白毛，民间总取其开花前的嫩茎芽，做成鼠麴草粿，正好应清明祭祖，又得名清明草。

35

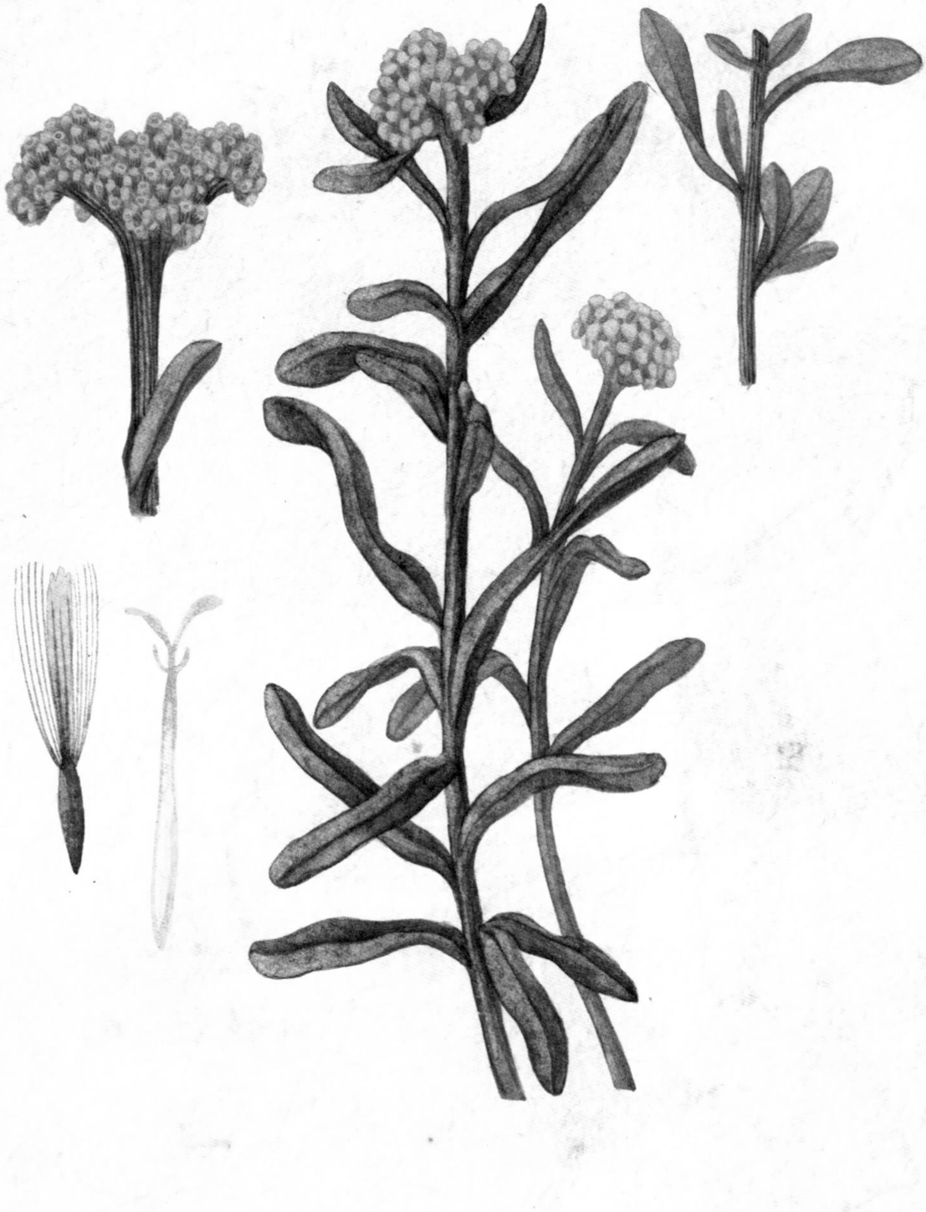

山苦瓜

我家的阳台、院子不大
种不出什么规模来的
但求一个迷你的
可以微观的小瓜棚
那就山苦瓜

鹅仔菜

鹅仔菜又叫羊仔菜
将它想象成
就是莴苣菜的野生版

山苏

我爱鸟
所以很会找鸟窝
总在枝杈分叉处、树叶浓密处
唯独这山苏
老是鱼目混珠，让人误判有个窝
山苏于是别称鸟巢蕨
寄在树干上
伸出叶来拦积落叶，腐殖成为养分
青嫩的、芽尖还卷着的山野菜
渐渐普及成家常了

龙须菜

蔓性的瓜藤
都靠这卷须攀缘而上
唯独这佛手瓜芽被相中
雅号龙须
炒进盘子里

荠菜

春天的荠菜处处长
不必离家太远
公园草皮上都会冒出来跟你见面
当天气开始热
夏天一到
它们全不见了

细叶碎米荠

春天百草丛生
细叶碎米荠
也是荠菜的一种
又叫焊菜

山素英

山素英
素素净净地
开出白花、结着亮黑小果
即便蔓成一片
也不觉荒秽

紫背草

只要肯低头寻找
一定看得到紫背草
又名叶下红
只有在荒年救命
现在当然在野

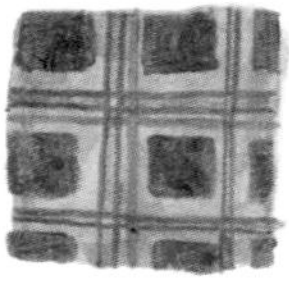

立春

立春绿　日光青

2/3~5

春韭

「大箍呆，炒韭菜；烧烧一碗来，冷冷阮无爱」
菜百百种，怎么独挑韭菜？
跟阳光空气水一样
一样稀松平常，一样不可或缺
没有韭菜
蚵嗲怎么办？
水饺怎么办？
豆芽菜怎么办？

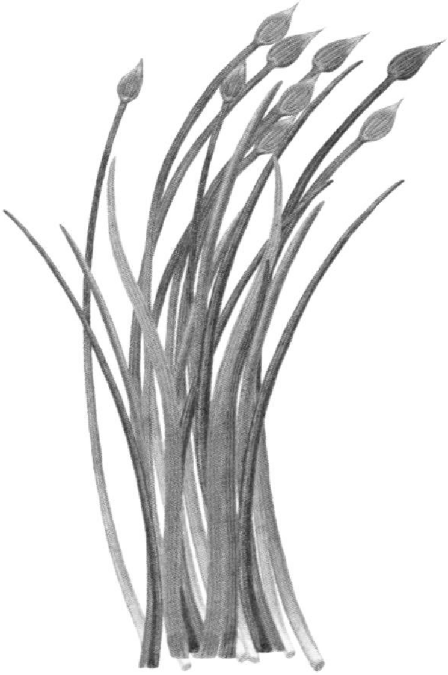

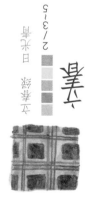

春韭之约

［材料］

春韭　1把
蛋　2个
豆芽　100克
樱花虾　2汤匙
润饼皮　1张

［做法］

① 蛋煎成蛋皮备用。
② 利用煎完蛋皮的余油将樱花虾煸香。
③ 将韭菜与豆芽以高汤氽烫后沥干，并将所有材料置于润饼皮之1/3处，卷成条状，就可以切块或是直接食用。

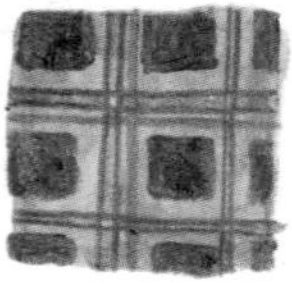

立春

立春绿　日光青

2/3~5

春菊

不断的所谓驯化、改良……
要驯的是什么？
要改的是什么？
因为它长得不够大、不够快、不够多……吧
我们离它的身世越来越远了
当遇到它还在山野里坚韧活着的远亲
原来这味道更真实
为什么要驯、要改？

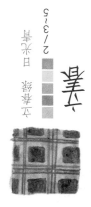

苡米春菊

[材料]

春菊	1把
薏仁/苡米	100克
冰糖	1/2茶匙
香草盐	1/2茶匙
玫瑰花瓣	适量

[做法]

① 将春菊洗净，氽烫后过冰水并沥干水分，切碎备用。

② 薏仁蒸熟，先取一半置入食物调理机内，与冰糖、香草盐一起搅拌成泥，再加入剩余的一半混合均匀。

③ 加入切碎的春菊后取出适量大小，以保鲜膜塑成圆球状，食用前再以玫瑰花瓣点缀即可。

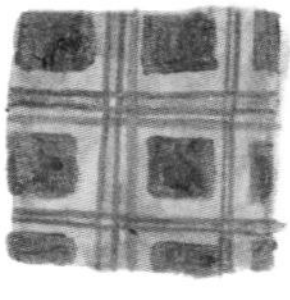

立春

立春绿　日光青

2/3~5

青草圈子·白三叶草

匍匐性豆科植物
民初便引进台湾作为绿肥、牧草
百年来已归化自成野花草
像蔓花生般，繁茂成一片草皮
顶出头状花序密生白蝶形花
如果红色的圆仔花有台味
那么这白花翘摇
还带着洋式浪漫

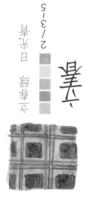

雨水

雨水清　春生碧

2/18~20

野甘草【甜珠草】

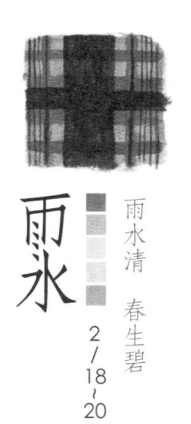

小时候外婆的槟榔摊里
唯一找得到可以解馋的东西
那就是含一小片就满口生津的甘草
甘草，让想象的甘，落实在味觉里
台湾不产甘草，只中药行、青草店里有
虽从没见过植株，常民却也用它千百年了
放眼溪边野地，野甘草却不少
叶是甜的，柄端长着小珠苞果
甜珠草、节节珠、假甘草、土甘草、冰糖草……因义便生名了
总被煮成青草茶
总觉得小看了它

石板甜珠草烤肉

[材料]

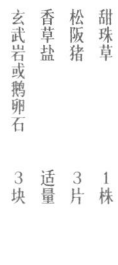

甜珠草	1株
松阪猪	3片
香草盐	适量
玄武岩或鹅卵石	3块

[做法]

① 将可耐高温的石头洗净后拭干，放入烤箱中，设定200摄氏度烘烤20分钟。

② 小心移出高温石头，趁热放上松阪猪肉片，佐以甜株草搭配，洒点香草盐食用。

雨水

雨水清　春生碧

2/18~20

昭和草

一小块空地，只要稍加闲置着
昭和草总会先来报到
野茼蒿，比茼蒿更野味
神仙菜，全株皆可食，花序也能吃
除之不尽的恼人杂草
抑或
取之不竭的田间野菜
只在一念之差

昭和草红烧豆腐

[材料]

昭和草 2株
油豆腐 4块
袖珍菇 2把
姜 1截

[做法]

① 取一个碗，将油豆腐、昭和草、袖珍菇各一份放入捣碎；其余油豆腐中心挖出约拇指大小内馅，一起拌匀后，将馅料填回油豆腐。

② 取一只平底煎锅，先爆香姜片，放入油豆腐煎至恰恰焦香后盛出，佐以新鲜昭和草叶一起食用。

雨水

雨水清　春生碧

2/18~20

青草圈子・苦蘵

苦蘵的名字难懂
用灯笼草、灯笼果、炮仔草、博仔草传神许多
宿存花萼包覆着浆果
当果子熟时
萼片黄了，枝上的灯笼全点亮了
派对要开始了

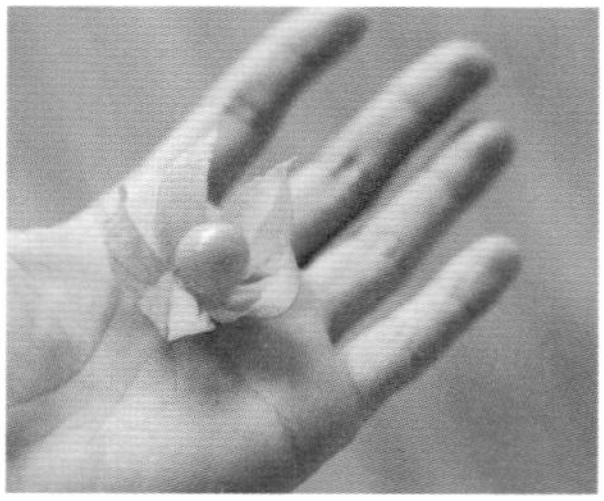

八 驚蟄

惊蛰草　生命绿

3/5~7

过猫

这种过沟菜蕨
有水的山涧便盘根错节
生命力旺盛如九命猫吧
于是人称过山猫
轻易从沟涧的此岸蔓过彼岸去
芽尖还弯蜷着的嫩芽
你摘我长
取之不竭的野菜

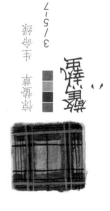

过猫菜蕨一点红

[材料]

过猫	1把
黑柿番茄	1个
杏仁果干	10粒

[酱汁]

蔬菜油	100毫升
酱油膏	1/4茶匙
蛋黄	1个
柚子果酱	1汤匙
白芝麻	1茶匙
白芝麻油	10毫升
柠檬汁	适量

[做法]

① 过猫洗净后，摘除老叶留下嫩芽，氽烫过冰水。
② 将番茄切半去囊，切细丁。
③ 干燥杏仁带皮泡水，浸泡至少2~3小时，待杏仁吸饱水分后去除外膜。
④ 将蔬菜油、酱油膏、蛋黄、柚子果酱、白芝麻、白芝麻油、柠檬汁置入食物调理机内搅拌成酱汁备用。
⑤ 过猫与番茄、杏仁搅拌均匀，食用前淋上酱汁即可。

八 驚蟄

惊蛰草　生命绿

3/5~7

野莲

水生植物颇奇妙
分沉水、浮水与挺水三型
布袋莲，全株都浮在水上
荷花，根着于水底泥土中，叶有浮水、挺水
这野莲
原来是水生植物龙骨瓣杏菜
浮水叶、根着土
水深了，叶柄便长得细细长长
美浓人找到这长长绿线索
料理出客家野菜特色
让野莲从在野逐渐在朝了

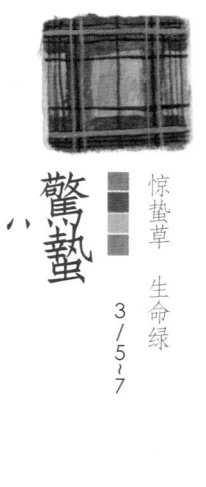

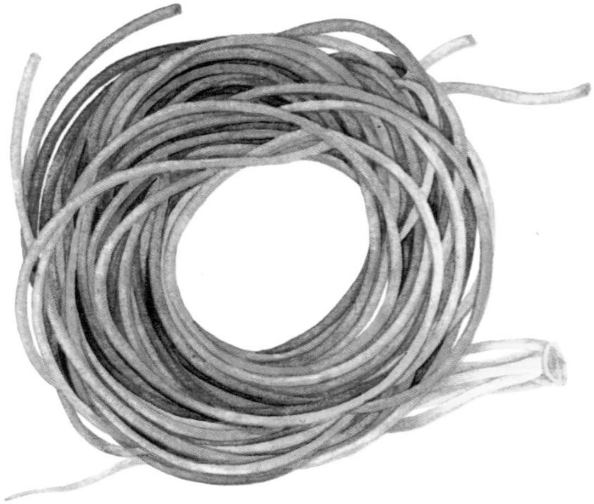

野莲笋汤

[材料]

野莲	1把
五花肉	200克
笋干	100克
蒜	2瓣
辣椒	1个
米酒	适量
高汤	适量

[做法]

① 野莲汆烫过冰水，沥干后切成约7公分长段。
② 五花肉烫熟后，切成薄片。
③ 笋干泡水、洗净多余盐分后沥干水分，取野莲一小撮，五花肉一片、笋干些许，以野莲捆绑成束。
④ 起一油锅，将蒜片、辣椒爆香，加入高汤熬煮，滚后加入野莲肉束，熄火，最后淋上米酒即可。

驚蟄 八

惊蛰草　生命绿

3/5~7

青草圈子・桑葚

那个年代
没有一个孩童不养蚕的
要喂饱蚕宝宝
便得四处采桑叶
院落里的、野地上的
早期台湾还有蚕桑产业时
桑田还算普遍
如今只有零星栽种采桑果
野地里的桑
自顾自地依时开着花结着果
管他人世间的沧海桑田

春分

春分辫　幸福粉

3/20~22

香椿

一道皮蛋豆腐
豆腐与皮蛋中间，总有个媒人婆
一直都是柴鱼刨薄片
称职得没话说
某年某月的某一天
不知怎的，柴鱼开了天窗
赶紧找人顶一顶
香椿赶鸭子上了架
生绿的树叶怎能代打熏干的鱼片？
就是这么妙
从此皮蛋豆腐有了两个媒婆
要海味那就柴鱼
要山珍这就香椿了

香椿春蔬

[材料]

豆腐　1块

鹌鹑皮蛋　1颗

[香椿酱]

香椿　100克

橄榄油　200毫升

姜　1截

[做法]

① 香椿叶梗取出，与姜、橄榄油置入食物调理机内搅拌成酱汁，加入盐后即可装罐备用。

② 将香椿酱置于豆腐与鹌鹑皮蛋上即可食用，另外也可运用在拌面、饭、蔬菜，由于香椿容易氧化变黑，因此建议可以放入冷冻保存。

春分

春分瓣　幸福粉

3/20~22

雷公根

雷公根
人说是雷响后会加速生长
倒认为，匍匐着地生根的蔓延条理像闪电
保健植物榜里赫赫有名
吃它、用它
几乎全冲着它的疗效而来
今天暂先把这林林总总搁一边
只单纯取其味
做一道可口的菜如何？

雷公根优格酱

[材料]

雷公根	1/3杯	椰奶	40克
芥末籽	1/4茶匙	优格	40克
茴香子	1/4茶匙	蒜	1瓣
糯米椒	2条	盐	适量

[做法]

① 雷公根洗净后擦干备用，将芥末籽、茴香子捣成粉末状。

② 热油锅，将粉末炒香，接着放进蒜末、糯米椒末拌炒。

③ 优格和椰奶混合成酱，和粉末一起搅拌均匀，最后加入切碎的雷公根，加盐调味。

春分

春分瓣　幸福粉

3/20~22

青草圈子・海埔姜

对于滨海植物
会有一种莫名的崇敬
海风呼呼刮起浪、吹着沙，到处盐巴巴
还有那个毒太阳
尽管如此恶地
它却还是不减绿意，繁盛自开花
海埔姜另名蔓荆
就爱长在海埔地，开着紫蓝花的匍匐性灌木
太阳煎熬、盐分高
叶、果反是泡来消暑的凉茶

清明

清明飘 柳叶新青

4/4~6

山芹菜

不要一直待在舒适圈
偶尔也要冒冒险
不然也要吃吃苦
来点可能不安全
文明里，就连物产也是一再淬炼
棱棱角角早都修了边
所以有人开始提点「放自然一点」
拿一把芹菜
拿一把山芹菜
摆在一块儿
就可以比评出来
谁比较自然一点

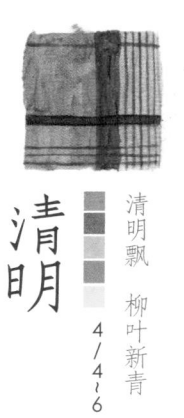

冰花山芹锅贴

[材料]

山芹菜	2把	姜	1截
杏鲍菇	2根	盐	适量
水饺皮	1包	白芝麻油	适量
蛋	4颗	面糊水	适量
豆腐	4块		

[做法]

① 山芹菜洗净去蒂头，氽烫后冰镇并沥干水分，切成细末，杏鲍菇撕成细丝，姜切成细末备用。

② 蛋打散后煎成细碎蛋丝引出干香。

③ 将豆腐煎得金黄上色，再利用豆腐的黏性，将上述所有材料混合搅拌均匀，加入盐、白芝麻油调味。

④ 起一锅冷油，先不开火，将锅贴底部一一沾油后排成圆形放射状，加入适量面糊水，盖盖子开中小火煎，待锅里声音由水煎的剌剌声转变成干煎的嗞嗞声即可起锅。

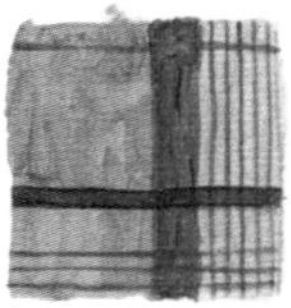

清明

清明飘　柳叶新青

4/4~6

野生小番茄

野生，是一种令人向往的本能
历经多少逆境洗礼所淬炼而来
自食其力，顺着自然就生生不息
自栽一棵番茄
要搭棚架、要摘芽；要整枝、供肥、水，还要防治病虫害
野生小番茄全免了这些俗套
依旧结实累累
分给你吃、分给鸟吃，最原始的番茄味
人们不爱它的果子，倒爱它的勇健身子
用作砧木嫁接其他娇贵讨喜品种
功劳也罢苦劳也罢
我们再尝尝这坚毅的滋味吧

野生番茄沙拉

[材料]

野生小番茄 10颗
白豆干 2片
九层塔 1把
马札瑞拉起司 30克
橄榄油 适量

[做法]

① 白豆干切成小丁，煎成微黄；野生小番茄、九层塔洗净后擦干，取下叶子备用。
② 取一只沙拉碗，放入小番茄、九层塔叶、豆干丁，起司刨成细丝，再淋上适量橄榄油即可。

清明

清明飘 柳叶新青

4/4~6

青草圈子·五香藤

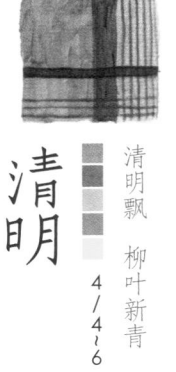

怎么五香与鸡屎同放在一植物上
五香藤是名
实则臭藤、鸡屎藤、狗屁藤都来了
搓揉其叶确有难闻气味
耐旱、蔓性强，乡间常见
小时候用它煮过草茶
鸡屎藤煎蛋也是一绝
如今偶遇还会细细端详
心思早飘到从前了

谷雨

谷雨豆　爱笑墨绿

4/19~21

马齿苋

如果野菜只在过往的日子里
只在童年的记忆中
当往日越来越远、童年不再
野菜将成了过去时
接不起现在，更遑说未来
猪母奶、王宝钏的故事不正精彩
人家是吃饭配话
我们吃菜配故事
野菜岂不更津津有味

马齿苋裸食

[材料]

马齿苋	3把	豆豉	2汤匙
圣女小番茄	1斤	美乃滋	适量
破布子	70克	橄榄油	适量
月桂叶	2片	姜	1截
飞鱼干	1条	蒜	3瓣

[做法]

① 将干飞鱼肉撕成细丝，起一油锅将姜蒜爆香，将飞鱼肉加入拌炒，最后加进豆豉拌匀。

② 小番茄洗净后，去蒂对切晒干或以烤箱烘干，让甜度香气保存起来；破布子水分沥干，和小番茄、蒜、月桂叶一起装入密封罐，加入橄榄油封存。

③ 马齿苋洗净后，沥干水分，搭配酱一起食用。

谷雨

谷雨豆　爱笑墨绿

4/19~21

鱼腥草

许多植物带有特殊的香气
当然植物中也有逐臭之夫
鱼腥草即是个中的佼佼者
喜欢在水岸沟边成群结队热闹长着
明明是植物，却带浓烈鱼腥味
这一定让人敬谢不敏了
不，它还很受欢迎
鱼腥草茶最为广泛
人们爱它，多因着疗效而来
放心，鱼腥味遇热便消失了

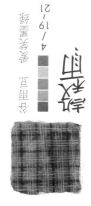

鱼腥草冰茶

[材料]

鱼腥草　300克

薄荷　300克

甘草　300克

[做法]

① 先将所有香草晒成干燥状态，放进食物调理机打成粉末状。

② 取适量香草粉末，以滤巾包覆绑定，注入适量热水即可饮用。

谷雨

谷雨豆　爱笑墨绿

4/19~21

青草圈子・茑萝

说茑萝，可能不太认得
大家都叫它新娘花
细细繁复的羽状复叶蔓成一整墙
缀上鲜红的星状小花
装点喜气增添浪漫，新娘花当之无愧
一点点含蓄、一点点传统
喜红多一点，但也不要铺天盖地
像台湾的婚姻
总要合于传统礼教
幸福、浪漫也要稍稍收敛些
台湾人的新娘花

野菜渍

春採

酒渍狗尾草

常民里
长存着一派浸泡文化
活物、植物都往酒里泡
用时间将味沁进酒汁里
狗尾渍进米酒里
时间仿佛停住了
鲜香一直都在
当煮好一盅狗尾鸡
再滴上几滴狗尾酒
有炖过的醇厚有未熟的鲜香

[材料]

狗尾草　1斤
米酒　3升

[做法]

① 狗尾草洗净后，彻底擦干水分，先以刀面将茎秆拍断，狗尾草成分才能完全释放。
② 取一只可密封的大缸，先放入狗尾草，再倒入米酒，视缸的大小调整分量，狗尾草能完全浸泡即可。
③ 放置阴凉处保存3个月，即可开缸取用。

黄荆

叶是熏蚊香
果实是中药牡荆子
花有难得埔姜蜜
负荆请罪之荆就是这黄荆
枝干还是耐烧薪柴
全身都献给人了

瓜花

瓜棚下有凉荫
瓜棚上朵朵黄花撑天
丝瓜、南瓜皆可
当个吃花的民族

野姜花

夏日的野姜花正繁茂
只消一朵白蝶
飞进杯水里
白开水依然清澈
喝水多了花香

冇骨消

夏季一到
野地最热闹
冇骨消摊开一大片小白花
生意正忙
嫩茎叶可以吃
果实呢，得再等一等

麻笋

麻笋只有中部人最爱
夏天一到
麻笋不难喝到
一定加地瓜、魩仔鱼
冷喝也好喝

蔓荆

台湾没有原生薰衣草
但同样有着紫色浪漫的植物不少
海埔姜的蔓荆
是自己的紫色浪漫

悬钩子

乡间都称它「刺波」
全株长细刺的野草莓
平地、高山都有悬钩子
你得跟早起的鸟儿抢着吃

马告

有着柠檬香茅味的胡椒
有香有辣有个性
好想上山采
不然就向当地朋友订一些

、立夏

立夏得穗　天空很蓝

5/5~7

土肉桂

把「土」先拿掉，说说肉桂
古老的传统香料，原产于中国
公元前两三千年老祖宗就发现了它
取其树皮干燥后使用，在印度开启了香料国度
传到欧洲，马上在炖肉、烘焙里善缘广结
标准卡布奇诺，定要撒上肉桂粉
从东方传到西方一路渗进人类文明里
再把「土」加进来，台湾土肉桂
虽又名假肉桂，许是肉桂大名鼎鼎下的谦称
但此假早已弄假成真，真真实实的台湾原生种
用叶来与树皮匹敌
在台湾，真有以假乱真的肉桂
印尼肉桂又称阴香，极难辨识
强势的林务单位早已发出警讯
原来，在世界上有肉桂与假肉桂之议
本岛内土肉桂也有真假之争
身居台湾，自己也种了一株土肉桂
你呢？可不要误种了阴香

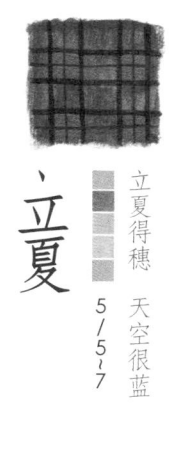

土肉桂香料烤鸡

[材料]

土肉桂	3片
去骨鸡腿	1只
洋葱	1根
蒜	1头
胡椒	适量
盐	适量

[做法]

① 将去骨鸡腿洗净之后擦干水分，加些许盐、胡椒腌10分钟。

② 将鸡皮表面擦干后朝下煎，至表面上色后取出备用。

③ 取一可进烤箱的锅子，放进鸡腿肉，加入洋葱、大蒜和土肉桂，以200摄氏度烘烤30分钟即可。

、立夏

立夏得穗　天空很蓝

5/5~7

澎湖丝瓜

相较于台湾看惯了的丝瓜
这从澎湖来的棱角丝瓜
多了棱角的，约定俗成地叫澎湖菜瓜
还放进俚语里说嘴
六月芥菜是「假有心」
澎湖菜瓜是「杂念（棱）」
炒后不褐变，冰镇鲜食脆甜
澎湖丝瓜
让丝瓜有不断新意

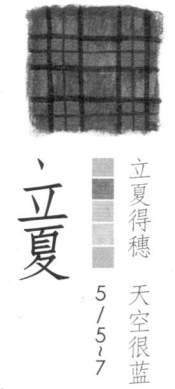

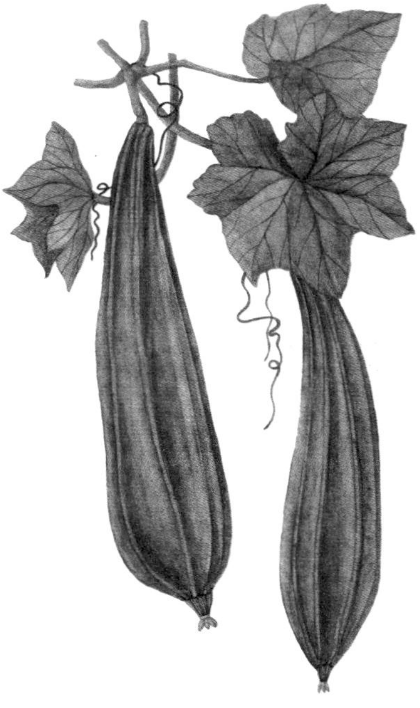

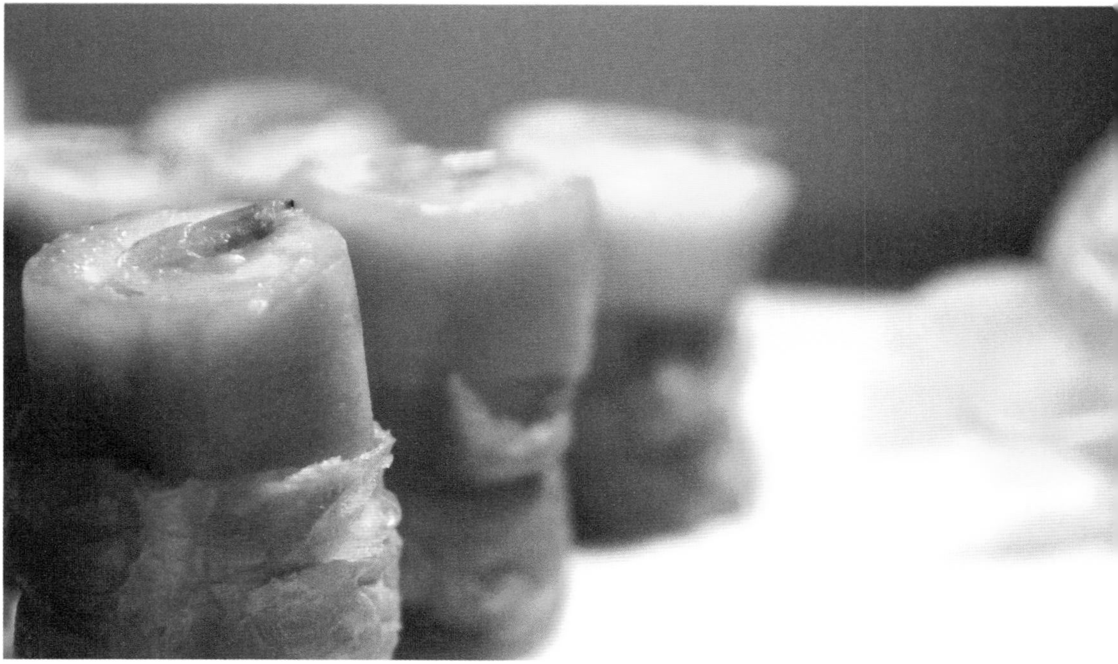

嫩丝瓜遇老油条

[材料]

澎湖丝瓜	1根
老油条	1根
樱花虾	1汤匙
野姜花	5瓣
蒜	2瓣

[做法]

① 准备：丝瓜削皮后切圆块；老油条也切成同样宽度大小；蒜切片；野姜花瓣洗净后以清水浸泡。

② 将蒜片爆香后，加入樱花虾、丝瓜一起拌炒，淋些许米酒、盐调味，待丝瓜熟透放进野姜花瓣，稍微拌烫即可盛装。

③ 丝瓜置于老油条上即可热食。

立夏

立夏得穗　天空很蓝

5/5~7

青草圈子·扛板归

总是打着赤脚在野地奔跑的村童
最怕一不留神踩进这三角盐酸仔群
茎叶的逆刺，像沙滩上的反登陆桩、野地里的地雷
绰号蛇倒退、蛇不过可见一斑
提醒小孩，一定得认得它
不只有苦头尝，还有甜头
蓝紫色小果甜甜的、叶子酸酸的
英文名字很有趣Mile-a-minute Weed
东方摇篮曲是一瞑大一寸
扛板归这野草是一分钟长一厘
你尝过吗？

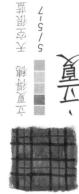

小满

小得盈满　日黄熟

5/20~22

南瓜花

一般家庭料理，少有油炸
因为炸后的一锅油，一时难以去化
开锅起炸，定是逢年过节办桌宴宾客
炸鱼、炸虾、炸年糕
芋头、地瓜、菜头粿
面糊还有
赶紧到后院瓜棚上
采些丝瓜花继续下油锅
丝瓜花只取公花
母花要留着长菜瓜
游子离乡后
就没再吃过丝瓜花了

南瓜花镶虾松

［材料］

南瓜花	3朵	马札瑞拉起司	1汤匙
白虾	3只	瑞可达起司	1汤匙
绞肉	30克	盐	适量

［做法］

① 南瓜花洗净后擦干；白虾剥壳，捣成泥状；起司刨成细丝备用。

② 将绞肉煸至干香，放入虾泥、起司丝拌炒，加盐调味，炒至水分完全收干。

③ 取适量虾松塞进南瓜花里，以牙签固定，放进电锅中蒸煮，约5分钟即可食用。

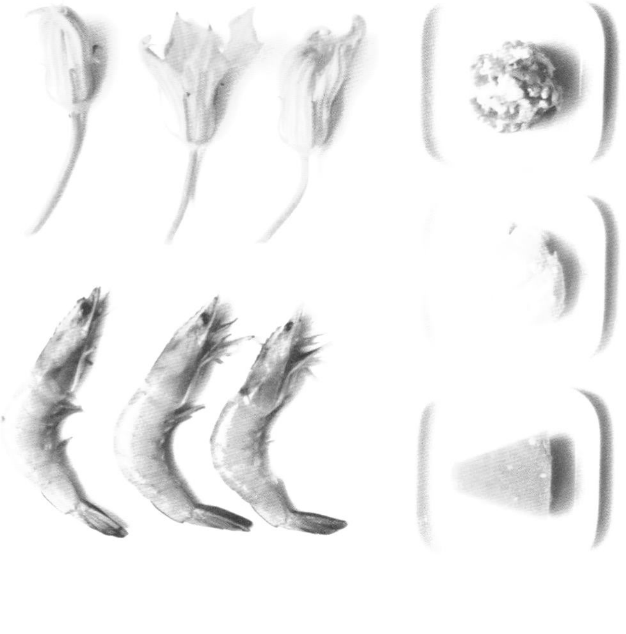

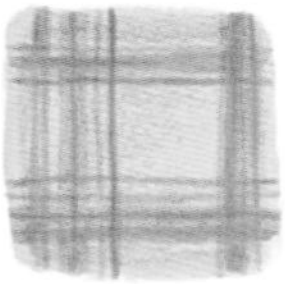

小满

小得盈满

日黄熟

5/20~22

龙须 & 佛手瓜

曹植的七步成诗里
豆子与豆萁是同根生的兄弟
可是萁在釜下燃、豆在釜中泣
相煎何太急
这道龙须佛手
有龙的尊威，又有佛的慈悲
一样它们也是同根生的兄弟
在某一个时间节点
采下果与芽一道料理
又有点结拜精神
同年同月同日的生与死
芽在先、果在后
我们把因果料理在一起了

凉拌龙须佛手瓜

［材料］

龙须菜　1把

佛手瓜　1／2个

姜　1截

蒜　2瓣

［做法］

① 将龙须菜较粗的纤维撕去，口感较好，折成约7公分小段；佛手瓜削皮后对切，去子切丝；姜、蒜切末。

② 姜、蒜末爆香后，倒入小碗中，放进龙须菜和佛手瓜丝，搅拌均匀，加少许盐调味即可。

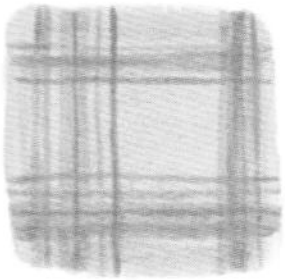

小满

小得盈满　日黄熟

5/20~22

青草圈子·山苦瓜

冠上一个山啊、野啊
表示
它个头一定不大，甚至迷你
它味道一定更浓、更呛
它一定其貌不扬，没什么卖相
不过它也是某种程度的稀罕
它跑不了那么远
跑不到生鲜超市货架上
它可能不是你的菜
但我爱
爱它的密密蔓生、小巧玲珑
像在办家家酒
只用来吃，好像对不起它

芒種

芒种端阳　快乐橘

6/5~7

地瓜叶

胼手胝足的年代
地瓜不只是地瓜
吃进去的是生命坚韧的台湾精神
地瓜当饭、地瓜叶是菜
时到时担当，没米就煮番薯块汤
船到桥头自然直的乐天知命
现在吃地瓜、地瓜叶
不再是拮据的变通
不为充肌、果腹了
以前谋生
现在养生

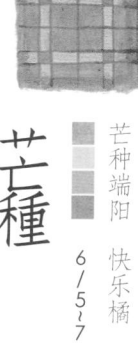

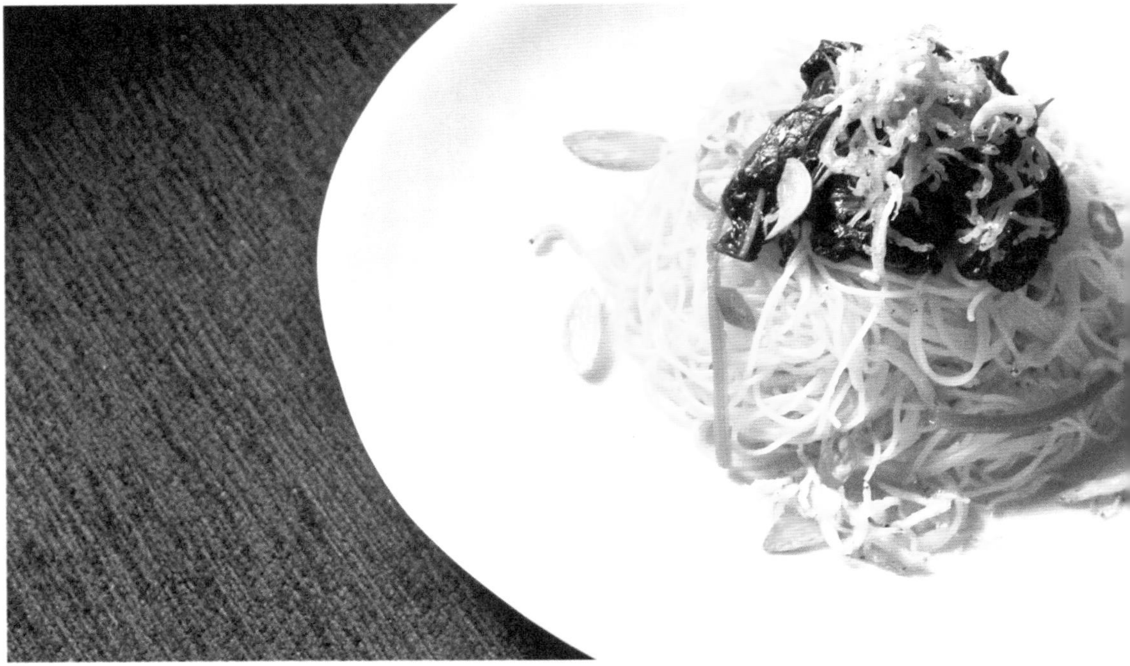

地瓜叶细面

[材料]

地瓜叶 1把

天使细面 1把

魩仔鱼 1汤匙

蒜 2瓣

[做法]

① 煮一锅水，放入天使细面，煮至熟透后以冷水冰镇备用。

② 将蒜片爆香，加入地瓜叶、魩仔鱼拌炒，炒至干香，加入冰镇过后的面条，拌匀即可装盘。

芒種

芒种端阳　快乐橘

6/5~7

水田芥

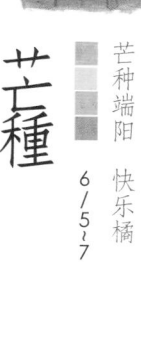

水田芥？
水田，很熟悉、亲切；芥，够乡土情怀
水田芥，怎么那么陌生？
又叫西洋菜，身世就很清楚了
犹太人过逾越节吃的无酵饼与苦菜
这苦菜中，便有水田芥
所以我们的陌生还算合理
它来台湾还只是几十年的事
西式浓汤里有它，港式的例汤里也家常
又叫豆瓣菜，可见它开始与台湾日久生情了
水田芥，在台湾仍属零星栽种的小宗蔬菜
它正在台湾众蔬中奋斗着
未来会成为家常、大宗或离群野菜
端看我们接受它、喜欢它到何等地步

水田芥浓汤

[材料]

水田芥　1把
马铃薯　1个
培根　2片
洋葱　1/2个
蒜　2瓣

[做法]

① 将培根煎至干香，放入洋葱、蒜片拌炒，马铃薯切块加入，倒入清水煮至熟软；煮一锅水将水田芥氽烫后，一起放进食物调理机搅打成泥。

② 取一只汤锅，倒入，以中火熬煮，滚沸后即可。

芒種

芒种端阳　快乐橘

6/5~7

青草圈子・倒地铃

杂菜面、什菜面……再修辞一点什锦面
所以，杂草不就是什草、什锦之草了
锦绣大地上的缤纷植生、千形万态
不需你插手
倒地铃自顾自地织它的锦
挂满小灯笼、小铃铛
像装点圣诞树一样
布置着自己的节庆
好奇的人儿剥出了种子
惊艳地发现一颗心
原来它这么有心

夏至

夏至荷　仙女红

6/20~22

红凤菜

以形补形，是有点老套了
但是这老套，听来也老得古锥（可爱）
吃肝补肝、红的补血、黏稠的顾胃
红凤菜这叶背的紫红色铁是补血
还果然铁含量高
还真的有补血功效
还有白天吃、晚上不宜之说
考据起来
觉得这古老传说还真是可爱

芝麻香拌红凤菜

[材料]

红凤菜	1把
油豆腐	2块
杏鲍菇	1根
姜	1截
白芝麻	适量

[做法]

① 杏鲍菇撕成细丝；油豆腐切小块，姜切片。
② 姜片用麻油爆香，放入杏鲍菇、油豆腐拌炒。
③ 煮一锅水汆烫红凤菜，沥干水分后加入锅中拌匀，盛出，撒上白芝麻。

夏至

夏至荷　仙女红

6/20~22

麻芛

历经长长岁月的淘洗，一道菜还在
一定有它的道理
有人还在种，这意味着需求仍在
这需求，是特别的味觉、口腹……吗？
还是一种回忆、习惯、传统……呢？
哪怕是工序繁复、料理琐碎
都阻挡不断这具足的因缘
麻芛就是这样
让一道地方菜肴继续存在着
有人温故，有人借以知新

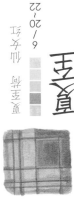

紫地瓜麻芛汤

[材料]

麻芛 1把
紫地瓜 1个
魩仔鱼 1汤匙

[做法]

① 麻芛叶沿着叶脉取下叶片备用。
② 将叶片包裹进棉布反复搓揉，将黏液涩水沥去。
③ 煮一锅水，地瓜切丁放入煮熟，接着加入魩仔鱼，滚后加入麻芛叶，再滚即可。
④ 趁热喝或冰镇后放入冰箱冷藏。

夏至

夏至荷　仙女红

6/20~22

青草圈子・黄花蜜菜

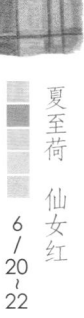

慢步走走
一边俯拾采采
路旁的野花、小草
还没走到你家门前
我手上已经满一束野草花了

小暑

小暑知了　童年绿

7/6~7

糯米椒

造物者何其神妙
尽管人在味觉享受上无限上纲
总不脱如来的掌中
喝碗绿豆汤，不要绿豆
来个辣椒，不要辣
色、香、味，加加减减乘乘除除
尽管挑剔，不要紧
绝对找得到答案的

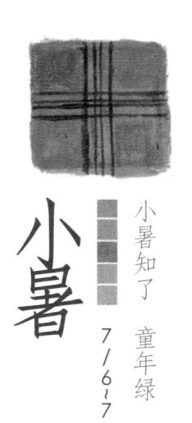

糯米椒拌飞鱼干

[材料]

飞鱼干	1条
糯米椒	5个
姜	1截
蒜	3瓣

[做法]

① 飞鱼干撕成细丝，姜切丝，蒜切片，糯米椒切斜片。

② 姜丝、蒜片炒香，加入飞鱼干炒至香味溢出，待收干之后加入糯米椒，拌炒均匀盛出。

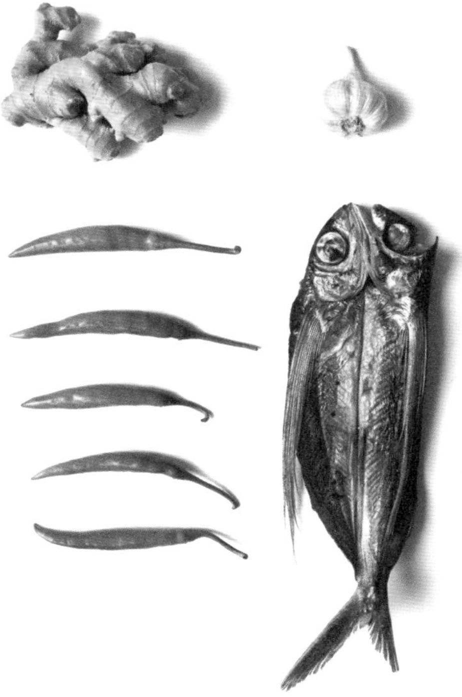

小暑

小暑知了　童年绿

7/6~7

九层塔

花序如塔
七层、九层，是描述花序层层叠叠的因人而异
幸好英名BASIL一直没变，也是共通语言
不然，罗勒、兰香、金不换、香花子……因地不一
在台湾，每户人家都会种上几株
鱼贝海鲜肉类料理起锅前
率性撒上一把，烫个画龙点睛
简单煎个蛋都有古早味
因应厨房所需
不断摘芽的植株越显茂密
就像亲子间的感情

九层塔乌鱼子煎蛋卷

[材料]

九层塔　1把
乌鱼子　1／2片
蛋　3个
高汤　80毫升
柠檬皮屑　1／4茶匙
玫瑰盐　适量
蔬菜油　适量

[做法]

① 九层塔洗净后擦干，切成细碎状。
② 乌鱼子煎至干香，磨成细末。
③ 将蛋稍做打散，加入高汤、盐、九层塔与乌鱼子混合均匀，由于乌鱼子本身即有咸味，因此盐不用加太多。
④ 起一油锅，倒入1／3蛋液，煎至蛋液大致凝固即可卷起，再重复上述步骤两次，卷起煎熟即可。
⑤ 食用前再撒上柠檬皮屑提香。

小暑

小暑知了　童年绿

7/6~7

青草圈子·紫色飞扬草

那是几百几千年以前
人们就已经观察、记录、研究它了
即便是这长在墙角、沟渠，细细琐琐、微不足道的小草
取名小飞扬草，将它归类、描述性状
我们的阿公、阿祖也知道这红乳仔草可以治什么病
现在已经21世纪了
我们还是初见面
你说，文明是在进步还是退步？

大暑

大暑热　星光宝蓝

7/22~24

红藜

与山林为伍的台湾本地居民
更清楚自然的奥义
更珍惜造物者的赏赐
红藜用来酿酒增添香气
艳丽垂穗编成冠戴在头上
那是自然荣美的冠冕
如今正名为台湾藜
营养价如红宝石
其实宝贵的不是营养价值
也不是美丽的植穗
而是与台湾本地居民生活伴侣的百年情感印记

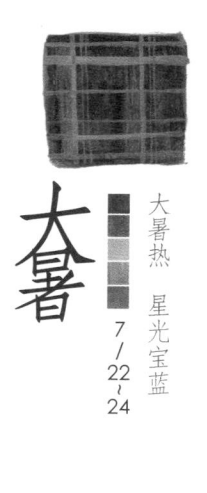

红藜米布丁

［材料］

红藜	1/2杯
糯米	1/2杯
砂糖	60克
牛奶	1杯
鲜奶油	1杯
香草荚	半根
肉桂	适量

［做法］

① 将红藜和糯米洗净后沥干，倒入一只中型汤锅，加入牛奶、鲜奶油和糖。

② 用刀背将香草子刮出，和肉桂一同放进汤锅，以中火煮，煮至浓稠即可装瓶。

③ 冷藏约一小时即可食用。

大暑

大暑热　星光宝蓝

7/22~24

紫苏

紫苏历史很久，在世界分布也广

因着风土民情，品种多变、用途多元

日本刺身、天妇罗要佐青紫苏

酸梅的着色剂、七味粉其中一味、茶渍饭的配料……

韩国腌渍泡菜、吃烤肉也配紫苏

中国大陆以此解鱼蟹毒，紫苏鸭、紫苏田螺……

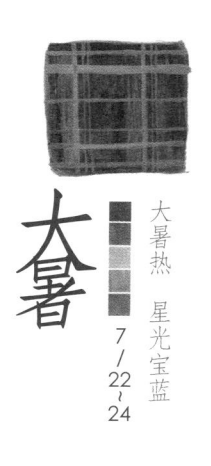

台湾呢？

紫苏酱烤鸡腿

[材料]

鸡腿　1只
紫苏　1把
杏鲍菇　1／2根
姜　1截

[做法]

① 鸡腿肉以盐、胡椒稍微腌至少一小时。
② 将杏鲍菇撕成细丝，煎成干香备用。
③ 姜煸香，放入鸡腿肉，将皮煎香至金黄上色后，加入紫苏叶、杏鲍菇拌炒，淋少许酱油，倒入清水盖过鸡腿肉，持续闷烧至水分收干即可。

大暑

大暑热　星光宝蓝

7/22~24

青草圈子・三角叶西番莲

小时候，时计果(四季果)是在田野嬉耍时的野味
在蔓茂的叶藤间找一颗发紫、皮有点干皱的果子
啵！一声，用双掌夹裂
力道猛过了头，会喷得满身满脸
为找果子，也遇见了花，端视许久
原来我的驻足不是没有来由
十五六世纪间
西班牙传教士发现西番莲科的花的特殊构造
比照了耶稣的受难图
有荆棘、门徒、三根钉、五道伤痕
于是这花像传道般被传开
西班牙称基督的荆棘、德国叫圣母之星
西番莲科下数百种属植物，有大有小
这个三角叶西番莲又是微缩版

夏藏

野菜漬

香料油渍到手香

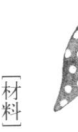

我爱在小巷弄巡逛
尤家共户前
那些不刻意、信手拈来的
像可有可无、不费心思养的花花草草
这些植物
大抵有野菜性格毋庸过度关照
主人家也非来者不拒，而是选择过
它多半有多重功能
不只观赏，一定另有过人处
到手香的「市占率」好高
到手留香，外敷内外兼宜
一百个人种它，可以整理出多少理由
这是个令人好奇的问题

[材料]

到手香　1把
葡萄子油　1升
辣椒　2个
丁香　1汤匙

[做法]

① 到手香洗净后，擦干水分；辣椒擦净表面备用。
② 取一只油罐，放入到手香、辣椒、丁香，注入油保存，储存三个月后即可开罐使用。
③ 可以尝试使用其他油代替，会有不同的风味。

水鸭脚

常长在潮湿的坡壁上
伸垂着粉粉的花
台湾特有种的秋海棠

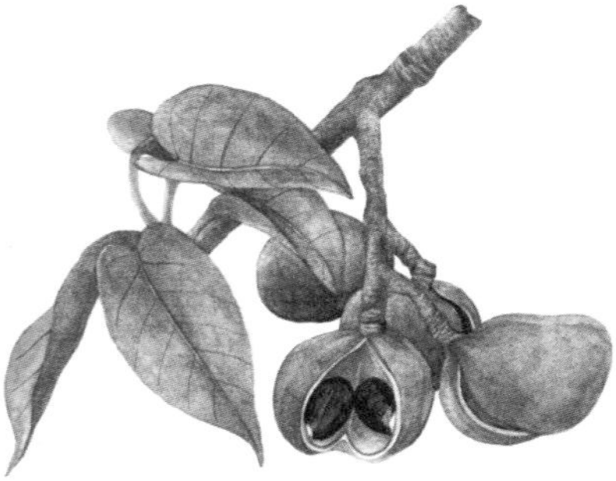

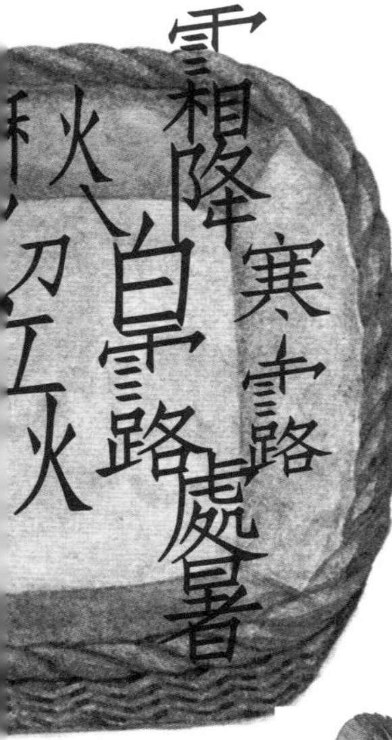

苹婆

在人家的院子里
看到一棵伸出路来的苹婆
树上果荚开了
露出黑眼珠
真高兴

萝卜缨

撒些白萝卜种子
没几天就有芽苗可采了
拌成生菜沙拉
渍成一碟小菜
留几棵冬天长萝卜

山香

在野外
如果能找到几株山香
采些种子回来，可能不多
但绝对比店里买来的山粉圆
让你高兴十倍

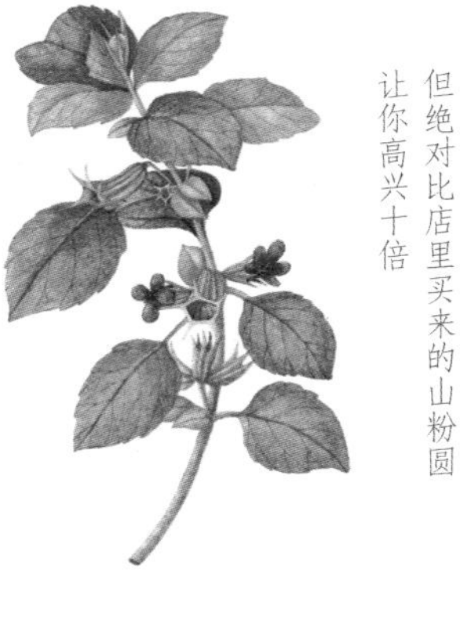

乌仔菜

结满黑果子的龙葵
令人雀跃
不然摘些嫩芽叶
来盘野菜
也促进它分芽

火炭母草

火炭母草
许是叶上像被烫伤的黑斑块
细碎如白米粒的花
像是撒落的隔夜饭

昙花

夜里赏完花后
明天吃它
心灵与身子都兼顾了

毛西番莲

毛毛的萼片
裹着一颗迷你四季果
觉得它比百香果更好吃
可是分量怎都不够

立秋

立秋乞巧　腼腆桃

8/7~9

秋葵

为了认识菜、在野菜里百尝
不只是味觉的惊奇之旅而已
总常碰到植物学分类的科属种别
好比人的血型星座一般
一开门，便略知这菜的一二
植株的伸展、叶片、开花、结果有着家族风格
秋葵以前不在台湾
及至20世纪70年代开始显著
如今已成架上菜、盘中家常
阿婆的小小菜圃里
种不了多少种菜
丝瓜、玉米、地瓜……
秋葵我也常见
可见已经融入台湾生活很深了

秋葵烘蛋

[材料]

秋葵　3根

蛋　3个

洋葱　1/2个

[做法]

① 洋葱切丁；煮一锅水将秋葵汆烫后，以冷水冰镇，切小段。

② 取一只厚底铸铁煎锅，将洋葱丁混合蛋液倒入，撒上秋葵，盖上锅盖，以中火焖煎，待蛋香溢出即可盛出。

立秋

立秋乞巧　腼腆桃

8/7~9

苹婆

苹婆，闽南语音似「品澎」，或「乒乓」变声调
梧桐科的大树一棵
开花时成串花序，朵朵细致如风铃、皇冠
不只花美
结果时，更让人垂涎
是村童觊觎的对象
儿时也尝过这甜头
果荚裂开，种子亮黑如目瞳而有凤眼果之名
蒸煮烤了剥去三层皮
味道呢？像栗子、地瓜……待你体会
城市里少见
怎么行道树尽是臭得惹嫌的掌叶苹婆

盐焗苹婆

[材料]

苹婆　10粒
粗盐　1杯

[做法]

① 取一只浅烤盘，先铺上一层盐床，取适当距离放入苹婆，再盖上一层盐被。

② 以烤箱200摄氏度烘烤约20分钟，即可剥开食用。

立秋

立秋乞巧　腼腆桃

8/7~9

青草圈子・月桃

我思故我在
当你将心思放在月桃上
那山里的月桃株便灿然了
花朵带着诱惑
一路看它开花结果
期待尝那仁丹味的子
也想包它几裹月桃粽

處暑

处暑虎　刀子红

8/22~24

马告

胡椒进入料理里、跑到餐桌上，好久远了
远到我们从未见过这植物的模样
照样白胡椒粉、黑胡椒粒不可或缺
还有那多点川味的花椒
生活就在这几种香辛里调味
怎么会没发现
台湾的山林里还有山胡椒
泰雅人语中的马告
让习惯了的胡椒
又新立了一座山头
在香辛里添一层野味

自制马告香肠

［材料］

马告　2汤匙
绞肉　半斤
肠衣　适量
蒜　5瓣

［做法］

① 将肠衣洗净后，浸泡米酒备用。
② 取一只碗，放入马告、绞肉，蒜切末，搅拌均匀，持续搅打至出现黏性。
③ 取出漏斗，将肠衣取一段适当长度后，一端打结套入漏斗嘴，接着将肉馅灌入肠衣中，取适量长度打结分段。
④ 将灌好的香肠吊在通风处风干，至少一日，待表皮干硬即可煎烤食用，冷冻保存。

處暑

处暑虎　刀子红

8/22~24

仙人掌果

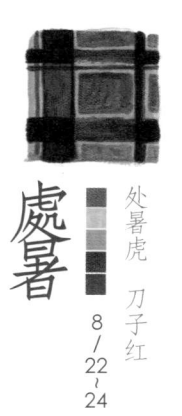

仙人掌的多刺让人敬而远之
哪怕是丛上长着野果
以前只有鸟兽、嘴馋的小孩吃它
近年来渐风行成澎湖的特产
封它是沙漠里的苹果
从仙人掌冰品到饮料、果酱
这吃法也跨海带进岛内来
鲜艳的紫红
是晒多少太阳、凝缩多少水分
而结成的正果

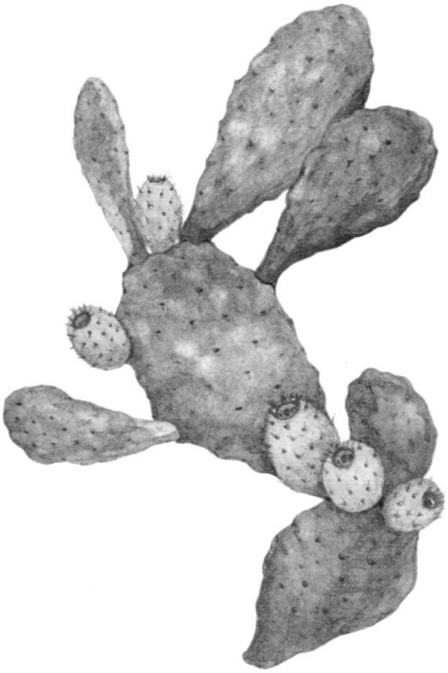

仙人掌果冰激凌

[材料]

仙人掌果　50克
冰糖　50克
柠檬　1／2个
优格　1杯
蜂蜜　1汤匙

[做法]

① 将仙人掌果以食物调理机打成泥状，取一只汤锅，放入仙人掌果泥和冰糖，静置30分钟。

② 待冰糖融化后，以中火煮开，挤进柠檬汁，滚沸后即可熄火，放凉备用。

③ 加入优格、蜂蜜，放进冷冻库保存；每隔1小时就取出，刮松冰晶，如此反复操作，直到绵密即可。

處暑

处暑虎　刀子红

8/22~24

青草圈子·落葵

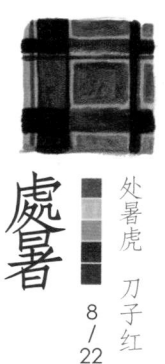

想在小小的阳台、空中花园里
搭一个棚架，希望爬满了绿叶
但不要一年生
免得结果后得面对再次荒芜
可以受它的荫蔽
可以赏心，可以尝味
洛葵好吗？
就是那皇宫菜

白露

白露月　桂香黄

9/7~9

龙葵

因那黑亮的成熟小浆果
龙葵更亲切地称呼是乌（甜）仔菜
结束了田间的农事
回家路上顺手摘采
便可为餐桌添阵容
我们用现在的料理
回味过去

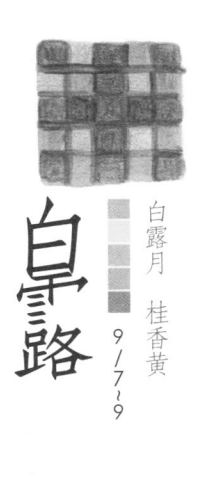

龙葵萝卜鸡汤

[材料]

龙葵	1把
鸡腿肉	1只
萝卜	1/2根
萝卜干	5片
陈年老萝卜干	1片

[做法]

① 取一只大型汤锅，倒入清水，放进萝卜块、萝卜干和陈年老萝卜干一起熬煮。

② 高汤滚沸后放入鸡腿肉，保持微沸，一边捞去浮沫，起锅前加入龙葵，氽烫至熟即可。

芋横

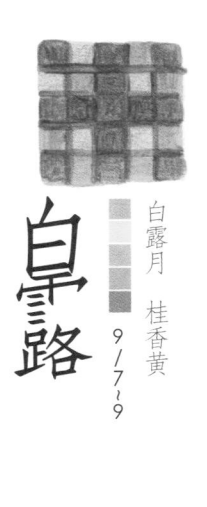

这种食材还没形诸文字
口语间用「芋横」称它
是芋头地上的芋茎叶梗
是芋头采收时的副产品
不忝天物地吃着吃着
倒也吃成了一种特有的风土
一种会让人忆起往事的味道

芋横虾汤

[材料]

芋横	1根
白虾	3只
豆芽	30克
葱	1/4根
姜	1截
清水	300毫升

[做法]

① 将芋横去皮后洗净、切段；姜切片、葱切丁。
② 姜片爆香，放入葱、豆芽、切段的芋横持续拌炒。
③ 取一只汤锅，注入清水，煮沸后放入白虾，和拌炒好的材料，再滚后熄火盛装。

白露月　桂香黄

白露

9/7~9

青草圈子・黄荆

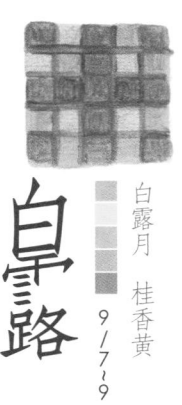

早期南台湾有一种木炭
以产地为名叫「枫港炭」
用当地遍长的黄荆
全株带着特异香气
耐烧的好薪材
可驱蚊又叫蚊子柴
群生的黄荆紫花成片怒放
是稀罕的蜜源植物
采成的埔姜蜜微酸带甘恬淡幽远
如此植物
岂能只有过去式

秋分

秋分蟹　柿子红

9/22~24

川七

比起家常的菜蔬
野菜就是多了一些桀骜不驯
不那么为人设想、处处让步
口味便不那么大众化
还保有着明显的自我风格
所以人们对它爱恨分明
我是属于爱的这一群
勇于体会的鲜明的个性

川七枸杞清粥

[材料]

川七 5片
五花肉 1块
枸杞 1汤匙
姜 1截
米 1杯

[做法]

① 五花肉切成细丝，姜切片，爆香后放入肉丝拌炒至熟，取出备用。

② 取一只汤锅，放入米，加入5杯清水和枸杞，以中火煮开，滚沸后加入肉丝、川七，煮至浓稠即可。

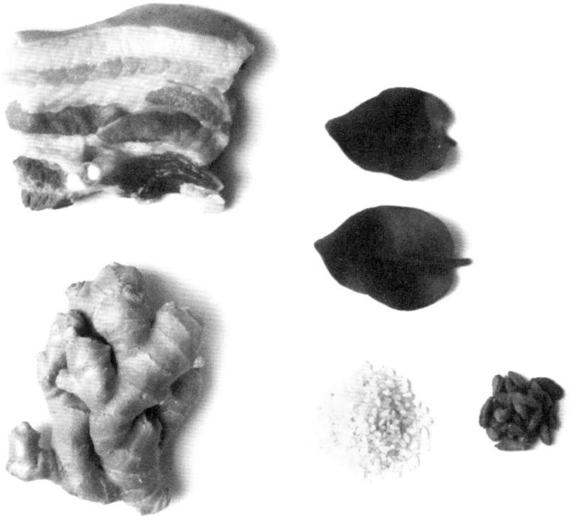

秋分

秋分蟹　柿子红

9/22~24

秋海棠

在还不认得植物前
课本里老早就说着秋海棠了
那是许多人的乡愁
秋海棠形形款款
还有台湾特有的水鸭脚
英文名里还有个formosana
叶形不像中国版图，而是鸭子掌
在林荫潮湿的山壁上，自吐着粉色的花
肉质的茎酸酸的
是山客的应急解渴草
好好料理，颜色美丽的野菜

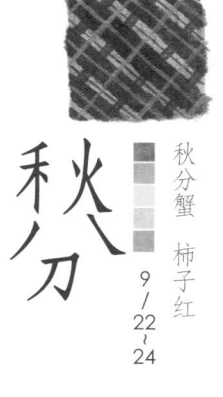

秋海棠酸辣汤

[材料]

秋海棠	1把	豆腐	1块
黑木耳	50克	清水	600毫升
红萝卜	50克	姜	1截
金针菇	50克	盐	适量
竹笋	50克	地瓜粉	适量
猪血	2块		

[做法]

① 将秋海棠较硬的叶梗去除后切段备用。

② 猪血切丝浸泡在清水里；黑木耳、红萝卜、竹笋、豆腐切丝；姜切末。

③ 取一只中型汤锅，注入清水，放入笋丝、红萝卜丝、黑木耳、猪血，开大火煮开，滚沸后转中火，放入豆腐丝，加盐调味。

④ 最后放入秋海棠，地瓜粉调水混合后慢慢加入，斟酌自己喜爱的勾芡程度即可起锅。

秋分

秋分蟹　柿子红

9/22~24

青草圈子・冇骨消

《哈利・波特》剧中制成魔棒的接骨木
在台湾便是这相近的冇骨消
原生种的向阳植物
复聚伞花序盛开时
对蜂蝶昆虫诱散着难挡的吸引力
注意那花序间还散置小筒状的蜜杯
难怪虫儿流连不去
是本土重要蜜源植物

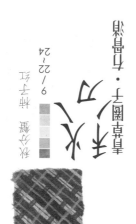

寒露

寒露凉　大地土黄

10/7~9

芫荽

随处路边的小面摊
小到15~20元一碗的贡丸、菜头汤
都要捏把屑末汤里放
厚实的汤底，才有了新香气
与葱一样
芫荽同是菜市场里最早的赠品文化
菜要钱、香料免费
菜是交易，香菜是人情味

芫荽花生冰激凌

[材料]

芫荽 1把
花生 2汤匙
润饼皮 2张
冰激凌 1个
香草糖 1茶匙

[做法]

① 将花生捣成粉末；芫荽摘取叶子部分备用。
② 摊开润饼皮，放入冰激凌，撒上香草糖、花生粉、芫荽后即可食用。

寒露

寒露凉　大地土黄

10/7~9

萝卜缨

当畦上撒下点点萝卜种子
发成密密麻麻的菜苗
接着便要疏苗
留下健壮的苗株，保持一定的株距
这拔下的苗便成了萝卜缨
萝卜缨没在市场上卖
只有在种萝卜的农家这样吃
如今芽苗菜热门
没想到早期这样吃就是养生

萝卜泥佐香煎鲈鱼

[材料]

白萝卜　1/2根
萝卜缨　10根
鲈鱼　1片
盐　适量

[做法]

① 白萝卜切块，取一只汤锅，注入适量清水，将白萝卜块煮熟。
② 将鲈鱼干煎至微黄，加盐调味，鱼肉切片备用。
③ 将白萝卜块、萝卜缨放入食物调理机打成泥状，淋在鲈鱼上搭配食用。

寒露

寒露凉　大地土黄

10/7~9

青草圈子・乳仔草

相较于红乳仔草的小飞扬草
乳仔草放大许多，也叫大飞扬草
摘一段大飞扬草
细细端详
有宫崎骏的漫画里
那种像蜻蜓又像蜈蚣的飞行物体

霜降

霜降微愁　芒白

10/23~24

琼花（昙花）

昙花总是一现
像植物中的夜行性动物
在幽黑的暗夜
盛开着华丽的白花
让初见的人总是一惊
惊为月下美人、惊为鬼仔花
昙花入菜
当然也不能掩其华美
又是一惊

昙花杏仁豆腐

[材料]

昙花	1朵
杏仁豆腐	1块
冰糖	2汤匙
水	3杯

[做法]

① 取一中型汤锅，倒入水和冰糖，煮成糖水，滚沸之后放进昙花，熄火，隔冷水冰。

② 昙花会自然产生黏稠的口感，并且带有淡淡花香，搭配杏仁豆腐的滑润风味更好。

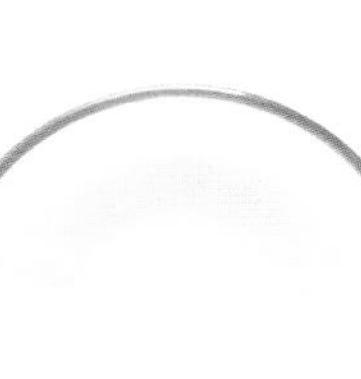

霜降

霜降微愁 芒白

10/23~24

山香（山粉圆）

长辈们称它是「狗母苏」
种子含在嘴里竟会长出肉来
煮成一锅甜汤可以囫囵着喝
名字跟种子一样奇妙
长大后在都会里遇到它
名字雅了，叫山粉圆
拟态了，叫青蛙下蛋
查找资料，正名叫山香
原来它的气息
代表着山的香气

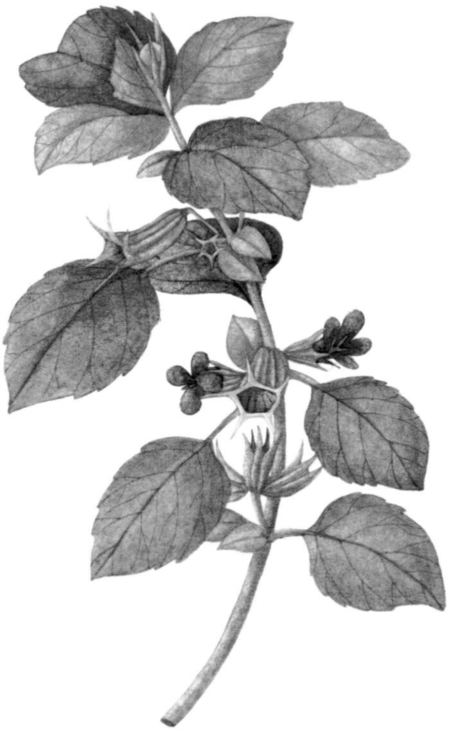

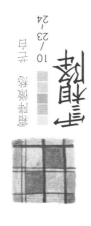

山香凉圆

[材料]

山粉圆	2汤匙
绿豆蒜	1／2杯
冰糖	1／2杯
太白粉	20克
地瓜粉	20克
清水	200毫升

[做法]

① 绿豆蒜以清水泡开，至少得2小时，泡开后和冰糖一起熬煮，熟透就可以熄火。

② 山粉圆也以清水泡开，约30分钟即可沥干，和绿豆蒜一起混合成馅料。

③ 先将太白粉和地瓜粉过筛后混合，加入清水搅匀。分一半，其中一半放入钢碗里隔水加热，一边不断搅拌，直到粉糰糊化浓稠状。

④ 将粉浆混合均匀，取适量馅料包覆，搓成小圆球状，放入电锅中蒸，约5分钟即可蒸熟。

霜降

霜降微愁　芒白

10/23~24

青草圈子・菝葜

童玩里，会削一节竹
两端都塞上这种植物的果子
再以另一根细竹插入竹管推进
压缩空气会将管端「子弹」砰然射出
倘没这般玩法
菝葜恐怕都是植物研究者才认得的植株
野地里想要再找一蓬菝葜果子
再做一筒小竹枪给孩子玩
好像无法信手拈来即是
直到花艺材料里有种山归来
原来菝葜早已美到进阶花材圈了

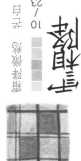

野菜渍 秋凉

刺葱香草盐

相对金针是母亲花
香椿便为父亲树
人生中椿萱并茂是个大福气
香椿入菜早已家常
香椿调味更是蔬食者的不二味
仰望一树青翠
也低头感谢盘中美味

[材料]

刺葱　1把
粗盐　300克

[做法]

① 将刺葱烘干，放进食物调理机中打碎成粉末。
② 取一个密封罐，将刺葱和粗盐倒入，混合均匀后存放，放置于阴凉处，放置七天后即可取出食用。

郁金根

是中药、是食材
咖喱的黄不可缺它
有它
哪需要黄色几号

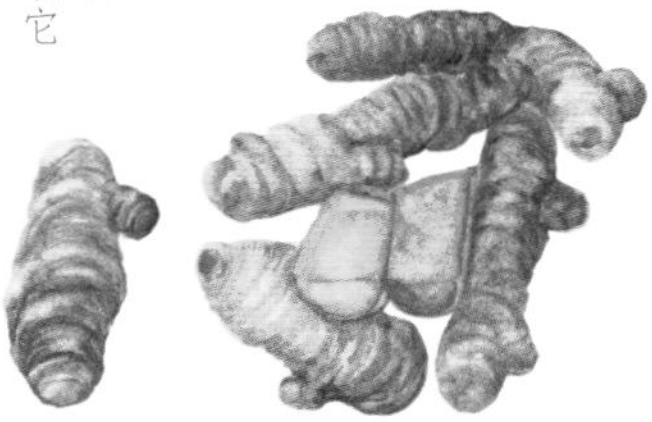

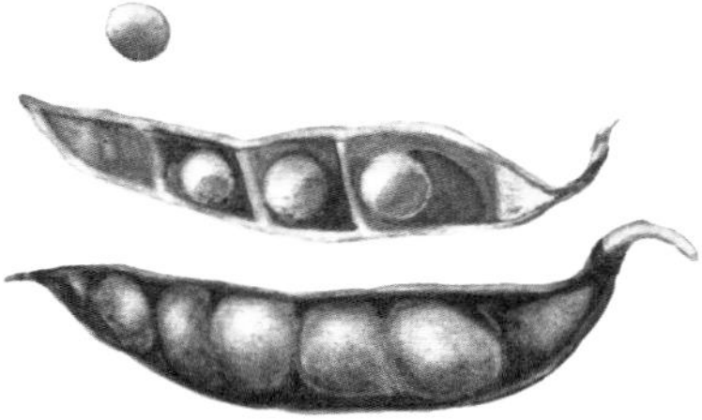

树豆

西岸看不到这豆
都在东岸
家常得很
美味得很

刺苋

菜摊架上的苋菜
已经鲜翠素净了
哪还要这梗上长刺的
可是爱玫瑰就得接受它的刺
这苋也同理

昭和草

火锅里的茼蒿
这次全换成昭和草如何？
应该比茼蒿强多了

天门冬

挖开土
天门冬把它的宝藏埋在地下
一颗颗块茎
料理野味

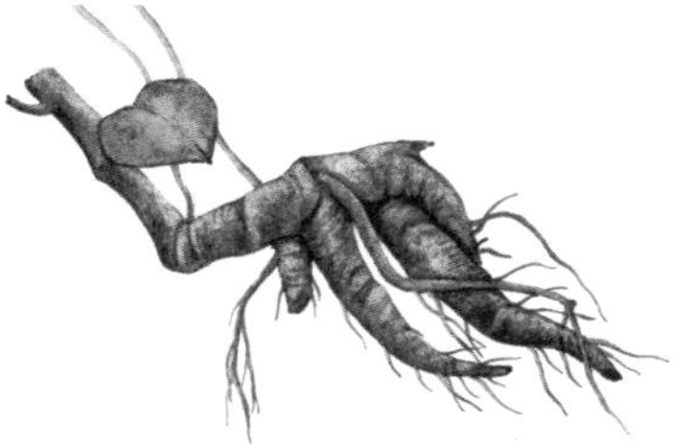

假人参

假人参又叫土人参
根会膨大像人参
形就有补意了
采根冬季佳

甜菜

乡间都叫它厚磨仔
叶大肥厚
两三片叶
便可成就一盘野蔬了

杜英

树形优美
秋天叶子会变红
还会结出小椭圆核果
由绿转黑熟
是我的山采小橄榄

立冬

立冬收　禾木深棕

11/7~8

假人参

假人参引进台湾已过百年了
因为主根膨大如人参
故名假人参、又名参仔草、土人参
生命力强韧
是自生自长的野草
小花开得端庄细致，也广爱园艺种植
与猪母奶同是马齿苋科
嫩茎叶滑嫩爽清脆
放任它、观赏它、吃它
任君挑选

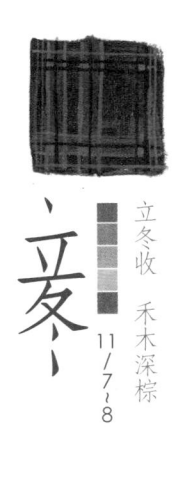

假人参芙蓉汤

[材料]

假人参	1把
蛋白	1个
鸡高汤	300毫升
地瓜粉	适量

[做法]

① 取一只汤锅，注入鸡高汤，以大火煮开，保持滚沸状态，将蛋白打散后快速搅入，这样蛋白才会形成细丝状。

② 地瓜粉加适量清水调稀，慢慢加入汤中勾芡，加入假人参，再度滚沸后即可熄火盛装。

立冬

立冬收　禾木深棕

11/7~8

生当归

以前在中药铺里的当归
像干燥切片的标本
现在当归活灵活现起来了
生当归全株入菜
滋补、养生的灵魂不灭
只是附在生鲜菜蔬的躯体上
让古老的药补
有了饮食上的新解

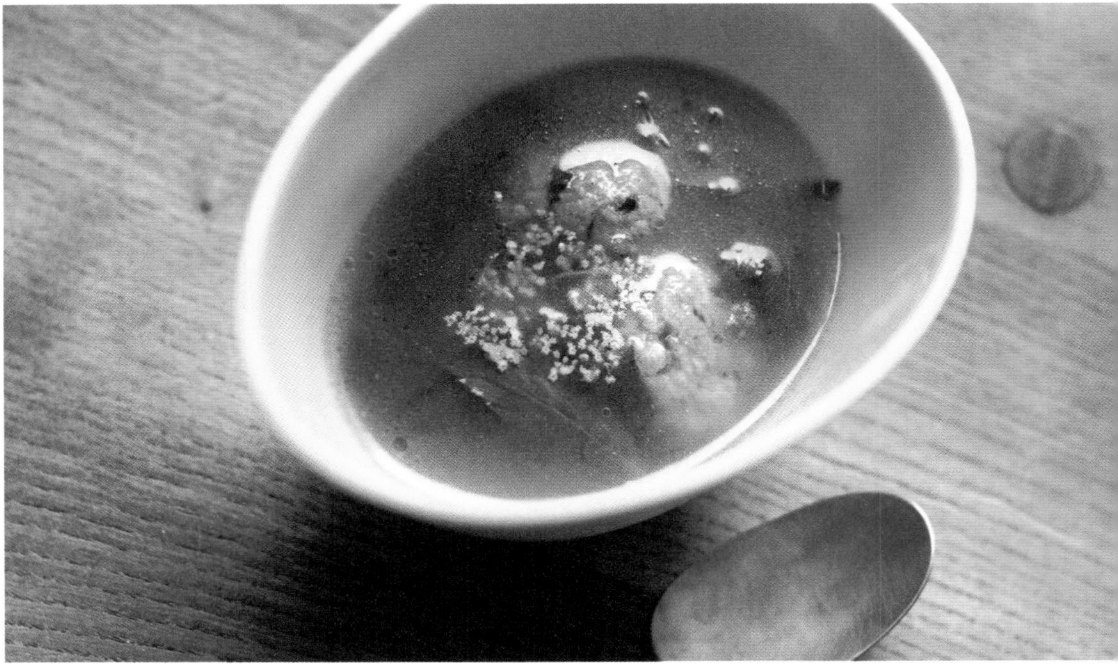

当归豆腐丸汤

[材料]

当归叶 2把　盐 适量
板豆腐 1块　面粉 适量
培根 2片　综合胡椒粒 适量
蛋 1个　面包屑 10克
葱 1根　鸡高汤 300毫升

[做法]

① 葱和其中一把当归叶切成末。
② 培根煎至咸香，板豆腐沥干后切丁，葱末、当归叶末、面包屑一起放进食物调理机中打碎。
③ 取出，加入蛋、盐、综合胡椒粒，混合均匀后，捏出适当大小的圆球状，撒点面粉较不易粘连，取一只平底煎锅，以中小火将丸子煎熟备用。
④ 取一只汤锅，注入鸡高汤，以中大火煮开，放入剩下的当归叶，滚沸后放进丸子即可一起食用。

立冬收　禾木深棕

立冬

11/7~8

青草圈子·天门冬

当人们研究着它的药性时
天门冬早已成了观赏植物
进到生活里
细细的叶不是叶而是叶状枝
看不见的盆底
还藏着颗颗纺锤形的根块
中药看重的是地表下这小块根
我们则在地表上的枝叶中找美丽

小雪

小雪感恩　微风紫

11/22~24

冲菜

十字花科是植物界繁盛的一族
与人亲近，是人类最早栽种为蔬菜
大小白菜、高丽菜、萝卜、花菜、青江菜、芥菜……比比皆是
十字花科植物普遍含有一种芥子油苷
具有辛辣呛鼻的味道
芥末（芥菜种子磨末）、山葵的辛辣皆然
冲菜因此应运而生
通常用的是芥菜
带着花梗、半生不熟的封闷
一股呛味油然而生
风格强烈一盘小菜

冲菜辣拌豆腐

[材料]

冲菜　1把

豆腐　1块

辣椒　1个

盐　适量

[做法]

① 冲菜洗净沥干，切细末备用。

② 取一只厚底煎锅，将锅烧热，放入冲菜迅速干炒，盛出冷藏保存，至少3小时。

③ 煮一锅水将豆腐烫熟，剁碎；起油锅将姜末、辣椒末爆香，加入豆腐拌炒，盛出，和冲菜搅拌均匀，加盐调味。

小雪

小雪感恩　微风紫

11/22~24

枸杞叶

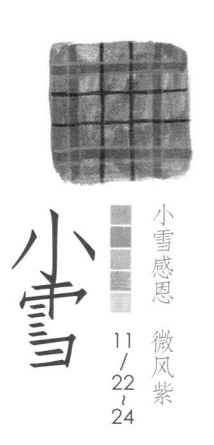

李时珍的本草纲目里
有枸杞的春夏秋冬
春采枸杞叶，名天精草
夏采花，名长生草
秋采子，名枸杞子
冬采根，名地骨皮
对于枸杞，我们似乎只活在它的秋天里
而枸杞叶，也早在台湾萌芽了
那是叶用枸杞，即大叶枸杞
还不普遍的叶用枸杞
买得到，有人取名「活力菜」

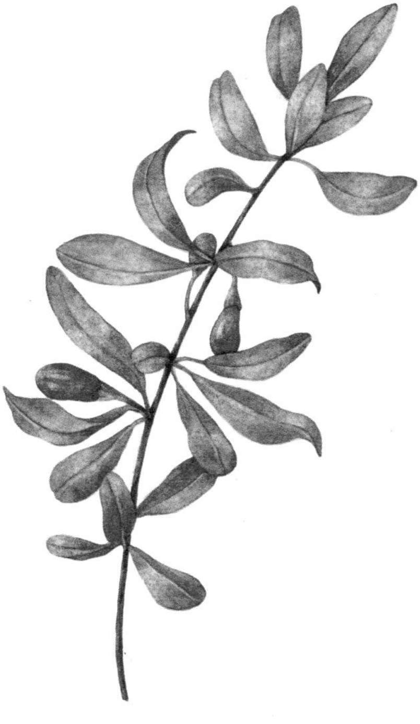

枸杞炖汤

[材料]

枸杞叶 3把
五花肉 150克
蒜 2瓣

[做法]

① 五花肉切成薄片，蒜切末。
② 姜蒜爆香，放进五花肉片拌炒，注入适量清水炖煮，最后放入枸杞叶煮熟即可。

小雪

小雪感恩　微风紫

11/22~24

青草圈子·杜虹花

英文名Formosan Beautyberry
是台湾人的美丽浆果
看着又称台湾紫珠的杜虹花
不禁要骄傲起来
可以将它介绍给外国人
看看紫色的东方之美

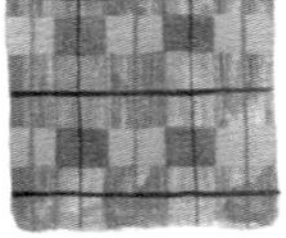

大雪

大雪飞　漫天灰

12/6~8

皇帝豆

天大地大之外
还有皇帝也大
敢以皇帝豆为名
可见没有三两三是没这胆的
皇帝豆算是豆类中的大块头
野性高，几无病虫害
只吃豆，不用荚
皇帝早已常民得很
可是别把皇帝看扁了

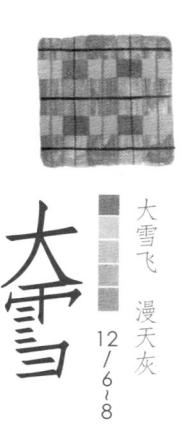

盐炒皇帝豆

［材料］

皇帝豆	1杯
蒜	2瓣
综合胡椒粒	适量
玫瑰香草盐	适量

［做法］

① 煮一锅水，将皇帝豆汆烫后，浸泡冰水，去膜备用。

② 将蒜爆香，放入皇帝豆拌炒，加综合胡椒粒、盐调味。

大雪

大雪飞　漫天灰

12/6~8

狗肝菜

原产于中国大陆的华九头狮子草
已渐在台湾成为优势杂草之一
野菜与青草没有一道分明的界线
亦药亦菜
青草多以煎服汤饮
野菜，还要调理它的色香味

狗肝菜野蔬清汤

[材料]

狗肝菜	1把
竹笋	1/2根
长豆	2根
姜	1截
蒜	2瓣

[做法]

① 长豆撕去菜梗，折成小段；竹笋削皮切成薄片；狗肝菜洗净备用；姜、蒜切末。

② 起一只油锅，将姜末、蒜末爆香，加入笋片、长豆，注入适量清水一起炖煮，所有材料煮熟之后，放进狗肝菜，烫熟即可食用。

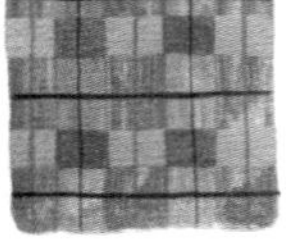

大雪

大雪飞　漫天灰

12/6~8

青草圈子·金银花

古老的民间故事里
有一对孪生姐妹金花、银花
姐妹情深却相继在冬日染病而逝
姐妹同葬之地长出这植物
冬日长青，花开初白，几日后转为金色
所以有名忍冬，又名金银花、鸳鸯花
这花多神效记载
还曾在SARS流行期间水涨船高
但我只想让它爬满一格窗
兴来冲它一盏花茶

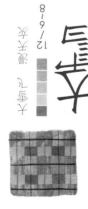

冬至

冬至节　团圆正红

12/21~23

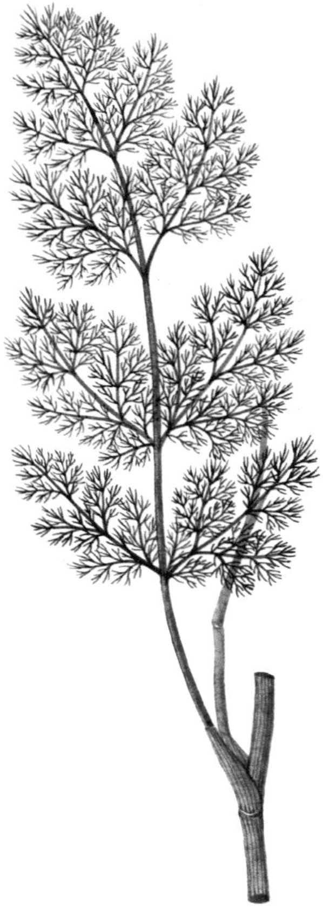

茴香

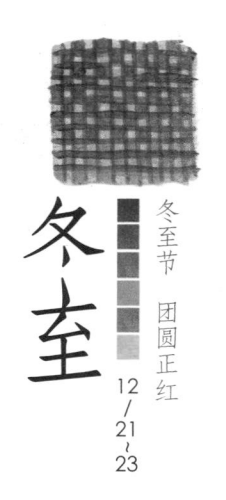

原产自地中海的茴香
如丝般羽状复叶
形与气味都在菜蔬中独树一帜
香料植物，用以镇腥除臭提味
收画龙点睛之效
香料老是配角佐料
罗勒、迷迭香不会成为一道菜
只有茴香菜
可以是配角
可以自己当主角

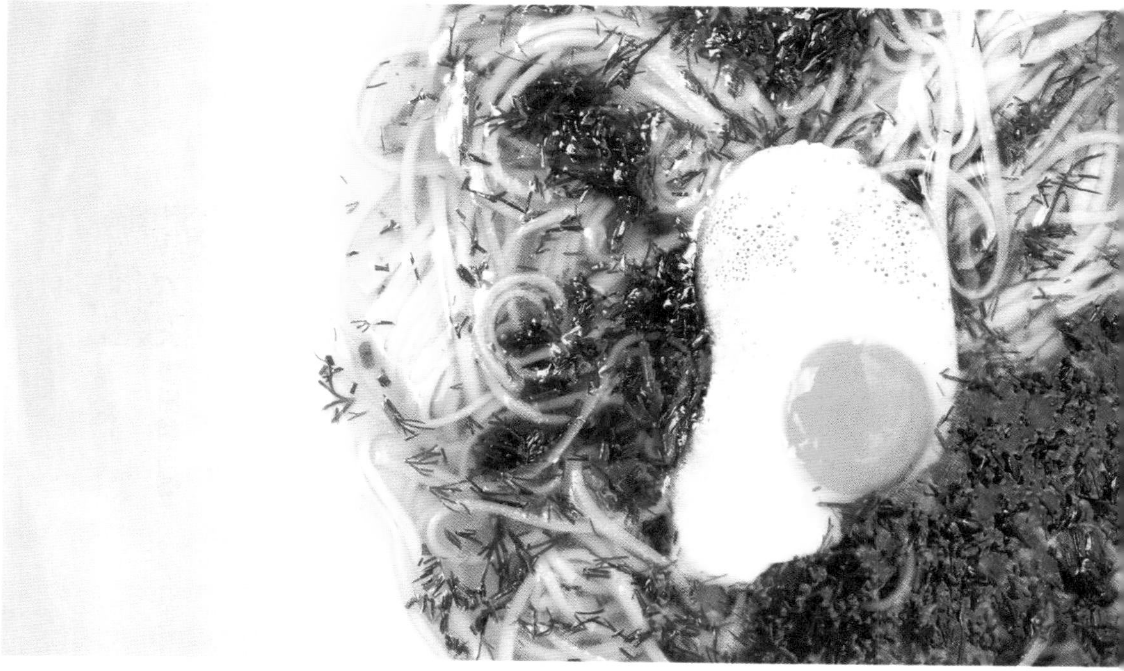

茴香麻油面线

[材料]

茴香	1把
面线	1把
枸杞	1汤匙
蛋	1个
姜	1截
麻油	适量

[做法]

① 煮一锅水，滚沸后放入面线，约1分钟即可盛起。

② 姜片以麻油爆香，姜片干煸后煎蛋，盛出，接着放入面线、枸杞拌炒，加入茴香，搅匀后即可。

冬至

冬至节　团圆正红

12/21~23

普刺特草

普刺特草名字可能陌生
最响亮的莫过老鼠拖秤锤
台湾原生种植物，中低海拔潮湿山边常见
别名铜玉带草、铜锤草、地茄草、米汤果
惹眼之处总在它如铜锤般的紫色熟浆果
满满齿状椭圆小绿叶，衬着颗颗紫锤
配上老鼠拖秤锤趣名、加上台湾原生身份
不再只有食用、药用价值了
早被园艺界相中，成为视觉系明日星
一盆盆卡哇伊地被买进居家庭院里了

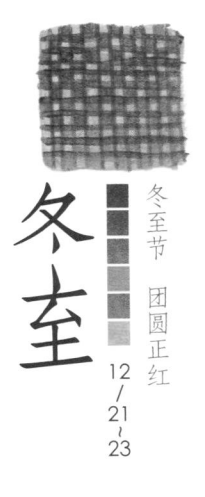

普剌果实甜汤

[材料]

普剌特草果	1株
龙葵籽	少许
瑞士薄荷	1株
马告	1汤匙
苹果	1/2个
柠檬	1/2个
冰糖	4汤匙
香草荚	1/2根

[做法]

① 取一只汤锅，放进马告、苹果丁、柠檬汁、冰糖，用刀背刮下香草籽，一起煮成甜汤。

② 待滚沸之后，放入普剌特草的果实和龙葵籽，熄火，冰镇。

③ 放凉后加入薄荷即可饮用。

冬至

冬至节　团圆正红

12/21~23

青草圈子・葎草

在户外
想找些有形有款的蔓性野草
葎草的野占率属第一
茎叶带着小逆刺，人称五爪龙
往往蔓成一大片
强势难挡

小寒

小寒腊八　杂灰杂紫

1/5~7

黄鹌菜

有些野菜，其实入世很深
即便在都市里，也不放过可以滋长的小寸土地
黄鹌菜堪称菊科最普遍的野花草
青草文化里称它是一枝香
别名中可以一窥对它的观感
山菠菱，可见有菠菜的影子
山芥菜，又有芥菜的特性
全草性味甘凉微苦
青草茶中常添的一味
除此之外
今天怎么吃？

黄鹌菜锅巴

[材料]

米　1/2杯
黄鹌菜　1把
杏鲍菇　1根
姜　1截
盐　适量

[做法]

① 首先将米煮成白饭后，拿出一只平底煎锅，取约手掌一半大小的白饭，煎成米饼。

② 黄鹌菜、杏鲍菇切成丁，姜切片；取一油锅将姜片爆香后，放入黄鹌菜、杏鲍菇一起拌炒，炒得油油亮亮就可以加盐调味，起锅。

③ 将馅料放在米饼上一起吃，充满着香香脆脆的层次口感。

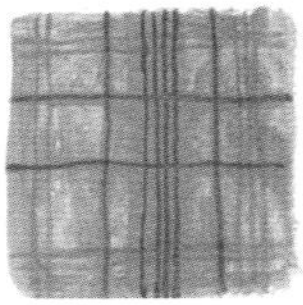

小寒

小寒腊八　杂灰杂紫

1/5~7

野苋

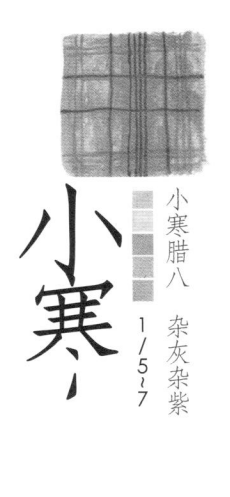

野苋虽原产于热带美洲
凭着极强的适应力，在台湾活得遍野
与昭和草、咸丰草一样常见
野苋有二，一为无刺的野苋、山荇菜
另为有刺的刺苋、假苋菜，刺苋又分白刺苋与红刺苋
四处横生野苋
总是惹人嫌厌
但尝过白刺苋鸡汤后
从此改观

刺苋乌龙面

[材料]

野苋	1把	蛋	1个
五花肉	3片	蒜	3瓣
油豆腐	1块	洋葱	1/4个
玉米笋	2根	海苔	2片
樱花虾	1汤匙	盐	适量
乌龙面	1份	清水	500毫升

[做法]

① 蒜、洋葱切末；野苋洗净后擦干，摘下叶子备用；取一只汤锅注入冷水，放入蛋，开大火煮，滚沸后约5分钟将蛋取出，以冰水冷却。

② 取一只平底煎锅，将蒜、洋葱末爆香，放入五花肉拌炒。

③ 取一只汤锅，注入清水和樱花虾一起煮，滚沸后加入油豆腐、玉米笋和乌龙面，接着放入炒好的五花肉和野苋一同熬煮，约1分钟即可盛装。

④ 最后再加上煮好的蛋、高丽菜丝、海苔片，就可以热乎乎地吃。

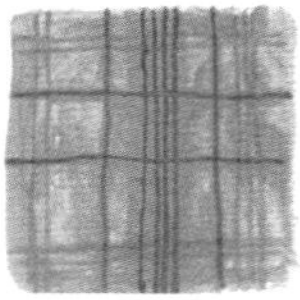

小寒腊八　杂灰杂紫

小寒

1/5~7

青草圈子・洋落葵

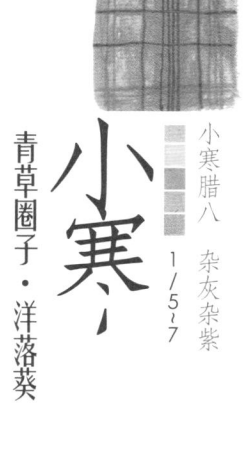

又名藤三七、川七、串花藤
还有一称云南白药
除了药，川七早是耳熟能详的野菜
田间、院里放养着便长蔓成一片
夏日花季穗状花序成了串花藤
一球球珠芽性味甘凉还壮腰膝
肉质叶一片片
麻油煎炒谁都爱

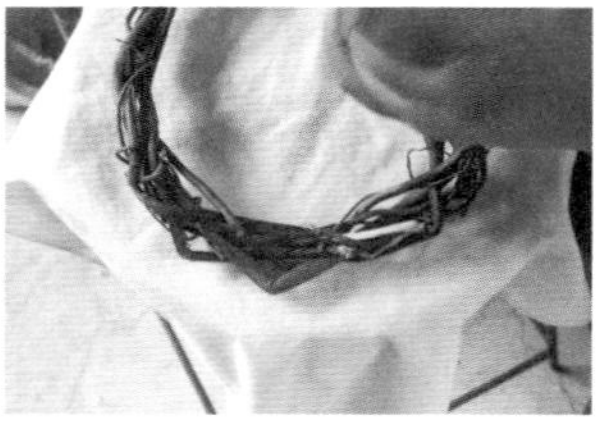

大寒

大寒冷　高粱辣金

1/19~21

树豆

在原乡首遇树豆
最常用来煮排骨汤
把树豆吃成了主食，吃成原乡特产
原来在接触原乡之前，我老早就吃过树豆
就是乡间野台戏场上
常跟着烧酒螺一起卖，堆得尖尖一箩筐
蒸得温热，顶上撒着葱花的番仔豆
一样的树豆
在原乡里煮汤喝
传到平地，成了蒸着吃的零嘴
如今此消彼长
番仔豆早已渐式微罕见
倒是树豆正在兴旺中

树豆炖猪脚

［材料］

黑／红树豆	各1杯
培根	2片
猪脚	1只
红萝卜	1／2根
洋葱	1／4个
蒜	3瓣
盐	适量
清水	适量

［做法］

① 前一晚先将树豆以清水浸泡静置。

② 蒜切末；洋葱切丝；红萝卜切块备用。

③ 先将猪脚以滚水汆烫半熟。将培根煎至焦香后，放入蒜末、洋葱丝继续拌炒，接着加入泡开的树豆和猪脚，持续炖煮约30分钟，加盐调味即可。

大寒

大寒冷　高粱辣金

1/19~21

黑柿番茄

蛙类体形最大的、外来的叫牛蛙
这个脾性难摸，很牛
番茄也有牛，牛番茄当道正红
皮肉红粉细嫩、个头大
薄片横切也不会汁液横流
生来好似全为了夹进汉堡里
牛番茄以及其他新品种番茄
让栽种历史悠久的黑柿番茄有些难以招架
所幸，有些味道、口感是难以取代的
即便味酸了些、气野了点……也没红嫩长相
番茄里塞颗话梅啃着吃
切块蘸着糖、酱油、姜末和成的酱吃
那是其他番茄无法陪我们走过的岁月

黑柿番茄辣咖喱

[材料]

黑柿番茄	3个	南姜	1截
樱花虾	1汤匙	红葱头	3瓣
马告	2汤匙	蒜	3瓣
花生	2汤匙	辣椒	1个
姜	1段	柠檬	1/2个
姜黄	1截		

[做法]

① 蒜、红葱头、辣椒切片；花生去膜；姜、姜黄、南姜削皮后切片。

② 取一厚底煎锅，将所有香辛料煸炒至香味产生，放入食物调理机搅打均匀，倒回煎锅，放入番茄切块，持续拌炒，番茄会持续出水，直至水分收干，酱收至浓稠即可，淋适量柠檬汁调味。

大寒冷　高粱辣金

大寒

1/19~21

青草圈子·葶苈

古籍里的救荒本草
多称山芥菜
泛指开着黄色小花
不规则锯齿缘叶
十字花科植物
喜欢古语中的
采嫩苗叶拣择炸熟油盐调食
如今早已不知荒年为何物
吃它
可能只为更听得懂早先的故事

野菜渍

冬藏

马告辣椒封萝卜干

常民的家中
起码会有两个酱缸
一缸是瓜
一缸就菜脯
瓜在夏季封存的
萝卜在冬天入缸的
只有盐、只有太阳
还有的是时间
盐多重、太阳晒几天、缸里贮多久
家家都有一本经
所以家家都有自己的妈妈味

［材料］

白萝卜	1斤
粗盐	100克
马告	50克
干辣椒	50克
紫苏	1把
盐	适量

［做法］

① 白萝卜洗净后，去头切尾，切片。

② 用粗盐搓揉白萝卜，让盐分渗透进去，置放于密封罐里一天；隔日以重物将水分压干，压一天；第三日后开始以阳光日晒，视情况调整天数，直至呈现金黄色散发香气即可。

③ 紫苏洗净擦干后，以盐搓揉使之入味。

④ 取一只密封罐，依序将马告、辣椒、紫苏盐和萝卜干个别分层放入，储存于阴凉处，存放一个月后即可开罐食用。

（京）新登字083号
图书在版编目（CIP）数据
台湾好野菜——二十四节气田边食/[台]种籽设计著.—北京：中国青年出版社，2015.8
ISBN 978-7-5153-3370-0
Ⅰ.①1… Ⅱ.①种… Ⅲ.①菜谱—中 国
Ⅳ.①TS972.182
中国版本图书馆CIP数据核字(2015)第113114号

北京市版权局著作权合同登记
图字：01-2015-2416

台灣好野菜
二十四节气田边食
台湾独特
迷人的野菜
[taiwan foods]
-vegetable-

■ [台] 种籽设计

我们相信　情感可以改变商业世界的样貌

种籽设计 第一个 十年

因为，敏感于当代设计、场所精神、情感触动、生活兴味
并且喜好将这一种敏感
转化为一种文化服务和心灵的经营
热诚地创作一篇篇当代的美好生活
因为，遭遇的视野、胸襟和传统手艺
支持我们发现、创新、转绎、传播台湾美好的创业家故事

种籽设计 第二个 十年

节气长河中
我们是种籽
自发的、内向的、宁静的看待寻找自己与土地、与历史、与人，之间的关系。
想要找出节气之于生活，情感的印记。

■ 种籽设计 著作

《二十四分之一挑食——节气食材手札》
《你好土，我好菜——三菜一汤·跟着节气过日子》
《台湾渍——二十四节气的保存食》
《100%台湾酿酱——物尽其用的哲学》
《台湾好野菜——二十四节气田边食》

■ 种籽

台湾台中市北区梅亭街428号
seed.design@msa.hinet.net
http://www.seedsight.com/
www.seedesign.com.tw

中国青年出版社 出版 发行
社址：北京东四12条21号　邮政编码：100708
网址：http://www.cyp.com.cn
责任编辑：刘霜Liushuangcyp@163.com
编辑部电话：（010）57350508
发行部电话：（010）57350370
项目合作：版客book@inbooker.com

北京科信印刷有限公司印刷　新华书店经销
700×1000　1/16　12.5 印张　60 千字
2015年8月北京第1版　2015年8月第1次印刷
定价：38.00元
本图书如有印装质量问题，请凭购书发票与出版部联系调换
联系电话：（010）57350337